世界一クールな
気候変動入門

情報を正しく
判断するために

著
ジョン・クック

日本語版監訳
加納安彦

訳
縣秀彦　海部健三　鷹野重之　小西一也　小林玲子

河出書房新社

CRANKY UNCLE VS. CLIMATE CHANGE
How to Understand and Respond to Climate Science Deniers
by John Cook
Copyright © 2020 by John Cook
Japanese translation published by arrangement with Kensington Publishing Corp. through The English Agency (Japan) Ltd.

世界一クールな気候変動入門
情報を正しく判断するために

2024年10月20日　初版印刷
2024年10月30日　初版発行

著者　ジョン・クック

日本語版監訳　加納安彦

訳者　縣秀彦　海部健三　鴈野重之　小西一也　小林玲子

装幀　渋井史生

発行者　小野寺優

発行所　株式会社河出書房新社
〒162-8544　東京都新宿区東五軒町2-13
電話　03-3404-1201（営業）　03-3404-8611（編集）
https://www.kawade.co.jp/

組版　株式会社キャップス

印刷・製本　三松堂株式会社

Printed in Japan
ISBN978-4-309-23163-1

落丁本・乱丁本はお取り替えいたします。
本書のコピー、スキャン、デジタル化等の無断複製は著作権法上での例外を除き禁じられています。
本書を代行業者等の第三者に依頼してスキャンやデジタル化することは、いかなる場合も著作権法違反となります。

日本語版監修協力：仮称「理科基礎」検討研究グループ（JSPS科研費22H01071）

日本語版読者の
みなさんへ

　科学者が長年にわたって実験や観測を続けてきた結果、数十年から数百年という長い期間で見たときの天気の変化＝気候について、近年は極端（きょくたん）な現象が明らかに増えていて、その原因が、地球の温暖化にあることが分かりました。こうした現象は決して自然に起こっていることではなく、私たち人間の活動、つまり食糧（しょくりょう）や工業製品を作ったり、電気などのエネルギーを得たりするために排出（はいしゅつ）した二酸化炭素などの温室効果ガスが原因となっているのです。

　この本のテーマは、気候変動や地球温暖化の現実やしくみです。取り上げた内容の解釈について、気候を研究している専門家（気候科学者）のほとんどが一致（いっち）しています。多くの専門家の考えが一致していることを、科学的な知見についての合意が得られている＝科学的コンセンサスがあると言います。現時点で最も新しい合意は、2021〜2023年に気候変動に関する政府間パネル（IPCC）という国際的な団体が報告した内容で、本書でも20ページほかで簡単に説明します。

　でも、世の中にはそれらを否定する人たちがいます。たとえば、気候は変動していないとか、地球の温暖化の原因は人間活動ではないとかいう主張です。温暖化を防ぐための政策は効果がない、気候科学は信用できないという意見もあります。この本は、もともと「Cranky Uncle vs. Climate Change（困ったおじさん vs 気候変動）」というタイトルで、2020年にアメリカで出版されました。それは、こうした主張をする人たちの影響力（えいきょう）が、特にアメリカで強いからです。そして、その影響は日本にもおよんでいます。

　この本の中では、科学的なコンセンサスを否定する人（困ったおじさん）が、どんな間違（まちが）った考えを持ち、誤った情報（＝誤情報）を広げているのか、ひとつひとつ取り上げ、それらがな

ぜおかしいのか、どのように誤っているのかをひもといていきます。誤った情報に含まれている考え方の間違いを誤謬と言います。初めて聞いた言葉だと思いますが、これを機会に覚えてください。誤謬にはたくさんの種類がありますが、この本の中では「ニセの専門家」、「誤った論理展開」、「ありえない期待」、「チェリーピッキング」、そして「陰謀論」の5種類にまとめました。

　2020年から新型コロナが流行した中で、科学的な知見を無視した予防法や治療法、ワクチン接種についての間違った情報がたくさんありました。「これか？」と思い浮かぶことがあると思います。この本を学ぶことで、科学的なコンセンサスを否定する人たちが広める誤情報に共通する誤謬を予め知っておくことができます。そうすれば、誤情報に対する免疫をつけることができ、実際に接したときに見抜くことができるようになります。政治や社会、身のまわりの問題を考える上でも、みなさんを助けてくれるはずです。

今後は、誤った情報による影響を受ける可能性がますます高くなると考えられます。そこで、この本は10代の方々に特に読んでほしいと思っています。雑多な情報を無批判に受け入れることに慣れてしまうと、そもそも真実を見抜けなくなってしまいます。また、たとえ正しいことを知っていても、自分の考えに自信が持てなくなるかもしれません。その結果、みなさん自身が生活や仕事で不利益を被ることになり、ひいては社会全体を損なうことにもなりかねません。ときには、この本に出てくる困ったおじさんのような人と出会うことがあるかもしれません。そのときには、この本で学んだことを使って話すと、分かり合えることがあると思います。多くの人たちが、誤った情報に惑わされることなく正しく考えられるようになれば、そして、少しでも行動を起こせば、きっと気候変動問題も解決に向かい、私たちの社会がよりよい方向に進んでいくものと信じています。

訳者を代表して　加納安彦

もくじ

日本語版読者のみなさんへ　3
どうすれば正しい判断ができるのか？　8
本書で紹介する「誤謬」のまとめ　10
「気候変動なんてありえない」って、なぜ思うんだろう？　16

Chapter 1 気候変動問題はいかにして、かくも大きな議論になっているのか？　17

気候変動：人間心理のスケールを超えた問題　18
気候変動の科学的コンセンサス　20
政界と産業界の同盟が育てた否定論　24
石油業界が知っていたこと vs やってきたこと　25
「科学」を疑わせる：タバコ業界のマニュアル　26
もし一国のリーダーが「気候コミュニケーター」だったら　30
科学否定論の特徴　32
気候変動を否定する人々が考える「地球温暖化捏造論」を想像してみた　38
気候変動否定派の「3つの段階」　40

Chapter 2 事実を否定する　41

温暖化のサインはこれだけある　42
1秒で原子爆弾4個分の温暖化　46
気温が下がる＝太陽は存在しない？　48
地球は「頭が薄く」なってきている　50
溶ける氷河　52
史上最悪のおとり商法、グリーンランド　54
南極の海氷と陸の氷床をごっちゃにする　58
海面水位上昇の「ゴールポスト」を動かす　60
太陽に罪はなすりつけられない　62

なぜこうも食い違うのか？

でっち上げさ

地球温暖化の根拠

こ、根拠？

人間活動の指紋
（フィンガープリント）

ワシのものか？

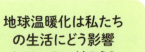

地球温暖化は私たちの生活にどう影響しているのだろう？

ワシには関係ない！

Chapter. 3 **責任を否定する** … 67

- 地球温暖化は人間が原因 … 68
- 傑作科学推理小説『地球温暖化事件』 … 69
- キーリング曲線はなぜギザギザなのか？ … 72
- 人間が崩した自然界のバランス … 74
- ゲップ大会の優勝者は？ … 76
- 罠にはまった！ … 78
- 3ステップで理解する温室効果 … 79
- 気候科学の歴史 … 80
- わずかな量でも効果は絶大 … 84
- それでも温室効果はたいしたことがない？ … 86
- 地球温暖化の誤情報はどうやって生まれたのか … 88
- きっかけは二酸化炭素、水蒸気が後押し … 90
- 気候と太陽の活動は逆行している … 92
- 太陽系の中でも地球だけ … 94
- 過去は警告する。気候は「めんどうな獣」！ … 96
- 気候と二酸化炭素：温暖化への正のフィードバック … 98
- 人間の活動以外には考えられない … 100

Chapter. 4 **環境への影響を否定する** … 101

- 気候変動は社会のほぼすべてに悪影響 … 102
- 気候が極端化している！ … 104
- 熱波がより強く、より頻繁に … 108
- ハリケーンが強くなっている … 110
- 栄養素も水も、植物に必要 … 112
- 二酸化炭素は深刻な汚染物質 … 113
- ホッキョクグマの未来は海氷しだい … 114
- 海洋の酸性化 … 116
- 「フィードバック」でごまかしてはダメ！ … 118
- 生物は気候変動についていけない … 120

Chapter.

5 科学を否定する　　　　　　　　　　　　　　　　　　　125

科学こそ解決の力　　　　　　　　　　　　　　　　　126
ガリレオ vs 教会──科学の敵はどっち？　　　　　　128
本当の人騒がせは誰だ？　　　　　　　　　　　　　130
たとえ不確実でも、問題があるのは確か　　　　　　132
97％の科学的コンセンサスというコンセンサス　　134
否定派が作った「コンセンサスのギャップ」　　　　136
ホッケースティックは折れていない　　　　　　　　138
中世を持ちだして否定する　　　　　　　　　　　　140
気候モデルは強い味方　　　　　　　　　　　　　　142
1970年代、科学者たちは何を予測していたのか？　144
天気と気候はどう違う？　　　　　　　　　　　　　146
Eメール流出事件と陰謀論者の頭の中　　　　　　　148
陰謀論者って、こんな人たち　　　　　　　　　　　149
「マイケルのトリック」と「減退の隠蔽」　　　　　　150

Chapter.

6 科学否定論にどう向き合うか　　　　　　　　　　　157

困ったおじさんの考えは変えられるか？　　　　　　158
気候変動の否定派は少数。でも声が大きい　　　　　160
なぜ、誤った情報を無視してはいけないか　　　　　162
予防接種は気候変動否定派根絶のカギ　　　　　　　164
科学コミュニケーションの3法則　　　　　　　　　166
沈黙の連鎖を断ち切る　　　　　　　　　　　　　　168
バランスを取るだけでは、誠実なコミュニケーションにはならない　169
私たちの行動と発言には意味がある　　　　　　　　170

日本語版監訳・訳者紹介　　　　　　　　　　　　　172
著者について　　　　　　　　　　　　　　　　　　173
注釈　　　　　　　　　　　　　　　　　　　　　　174

どうすれば正しい判断ができるのか?
～覚えておきたい誤謬のテクニック～

私たちは、正しいことから始めたはずなのに、間違った結論を出してしまうことがあります。実は、間違った結論になったことに気がつかないことも多いのです。それは、結論までの考えかたが誤っていたからです。このような誤った考えかたのことを「誤謬」と言います。「誤」が「あやまり」という意味なのはご存じでしょう。「謬」の旁は「もつれる」という意味を表し、言偏と合わせて「言葉がもつれる」ことから「言葉による誤り」を表します。つまり、「誤謬」とは、誤りを意味する漢字が重なって、誤っていることを強調しています。英語では"fallacy"と言い、「だます」という意味の語が元になってできました。

この本の中で取り上げる、科学的知見や科学的コンセンサスを否定する主張は、単にウソをついているとか、事実を取り違えているとかいう単純なものではありません。これらの主張の中には、人をだまそうとして用いられる特別なテクニックとしての誤謬が潜んでいます。たくさんのタイプの異なる誤謬が知られていますが、9ページの図では、よく用いられる誤謬を、「ニセの専門家」、「誤った論理展開」、「ありえない期待」、「チェリーピッキング」、「陰謀論」の5種類にまとめました。

英語では、それぞれ"Fake Experts"、"Logical Fallacies"、"Impossible Expectations"、"Cherry Picking"、"Conspiracy Theories"といい、頭文字を取って"FLICC"と略称します。

たとえば、チェリーピッキングは、関連するすべてのデータや事例を網羅するのではなく、自分の考えを裏づけるために都合のいいわずかなデータだけ選び出して、都合の悪いデータを無視するテクニックです。チェリーピッキングの中でも特に文章や発言の一部を抜粋する際に、文脈を無視して切り貼りしたり、引用元の意図を無視したりすることを「恣意的な引用」(恣意的とは、論理に必然性がなかったり、自分の好みや思いつきで行なうこと)と言います。また、重要な証拠をじゅうぶんに確認せずに誤った結論を出すことを「ナマケモノ思考」と言います。

この本の中では、取り上げたすべての誤謬を図のようなピクトグラムで示しています。読み進める上での助けにしてください。また、10～15ページには、この本の中で取り上げた気候変動に関わる科学的な知見とそれに対する誤情報、そして、誤情報に潜んでいる誤謬を順にまとめています。本文の内容を振り返ったり、関連する誤謬と比べたりするのに便利です。

(加納安彦)

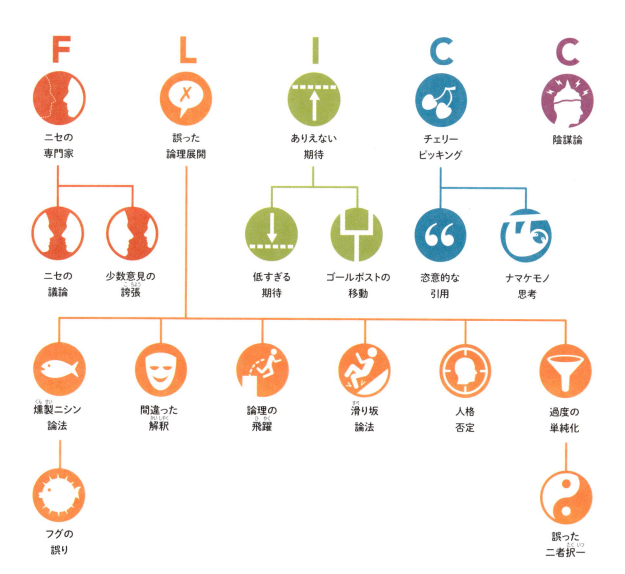

本書で紹介する「誤謬」のまとめ

事実を否定する

科学的知見	誤情報	誤謬
ここ数十年にわたり、地球は1秒につき広島型原子爆弾4個分の熱を蓄積している。(→p.47)	「地球温暖化は1998年に止まった」	**チェリーピッキング** 地球が熱を蓄積しているという多くの証拠をすべて無視している。
地球温暖化のせいで暑い日が増えている。(→p.48)	「今日は寒い。ゆえに地球温暖化は事実ではない」	**ありえない期待** 地球温暖化は寒い日がなくなるわけではない。寒い日がより少なくなるんだ。
北極海の海氷はじわじわ減っている。面積はわずか40年で半分になった。(→p.50)	「北極海の海氷は回復している」	**チェリーピッキング** 長期間にわたる海氷の減少を無視して、数年間の変化だけを見ている。
地球上のいたるところで、氷河は加速度的に小さくなっている。(→p.52)	「地球の氷河は大きくなっている。地球温暖化はウソだ」	**チェリーピッキング** ほとんどの氷河が小さくなっているのを無視して、いくつかの成長している氷河だけ取り上げる。
グリーンランドでは毎年、エベレスト2つ分の氷が失われている。(→p.54)	「グリーンランド内陸部では氷が増えている。減っているなんてウソだ」	**チェリーピッキング** 氷床の先が欠けてどんどん流出しているのを無視している。
グリーンランドの氷床は数十万年前からあった。(→p.55)	「グリーンランドはかつて緑だった」	**間違った解釈** かつてのグリーンランドの氷床について、誤ったイメージを広めている。
南極では毎年約1000億トンもの氷が失われている。(→p.58)	「南極の内陸部では氷が厚みを増している。氷は失われてなんかいない」	**チェリーピッキング** 大陸のふちで氷がどんどん失われているのを無視している。

科学的知見	誤情報	誤謬
南極の海氷は、いろいろな要因の影響をうける。たとえば、大陸からの風によって海氷ができやすくなる。(→p.59)	「南極で海氷が増えているのは、地球温暖化が起きていない証拠だ」	**過度の単純化** 南極の海氷に影響するいろいろな要因を無視している。
海面は過去100年にわたって上昇を続けている。(→p.60)	「海面上昇は大げさだ」	**チェリーピッキング** 長期的な状況に対して、海面上昇が進んでいない短い期間を取り上げる。
太陽活動が弱まったとしても、地球温暖化がわずかに遅れるだけ。(→p.62)	「太陽活動が弱まるにしたがって、氷河期が近づいている」	**間違った解釈** 地球の気候における太陽活動の影響を大げさにとらえている。実際には、温室効果に比べて影響はごく小さい。

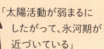

責任を否定する

科学的知見	誤情報	誤謬
1950年以降の地球温暖化のすべてが人間のせいだ。(→p.68)	「人間の活動は地球温暖化にさほど影響していない」	**ナマケモノ思考** 人間の地球温暖化への影響が推定される調査結果をすべて無視する。
かつて自然界の二酸化炭素は排出と吸収のバランスが取れていた。人間がそのバランスを崩した。(→p.74)	「人間の排出する二酸化炭素量なんて、自然による排出量に比べたらわずかだ」	**チェリーピッキング** 自然が二酸化炭素の吸収と排出のバランスを取っているのを無視する。
人間は火山の100倍もの二酸化炭素を排出している。(→p.76)	「火山のほうがたくさん排出している」	**間違った解釈** 火山のほうが多くの二酸化炭素を排出しているというのは誤りだ。
二酸化炭素の強力な温室効果は、さまざまな実験や観察が裏づけている。(→p.84)	「二酸化炭素は大気中にわずかしかないんだから、たいした影響はない」	**燻製ニシン論法** 少量だから影響がないというのは間違い。少なくても強い影響を持つことがある。

11

科学的知見	誤情報	誤謬
温室効果ガスは宇宙に逃れようとする熱の一部をせき止め、地球に返す。(→p.86)	「温室効果は熱力学第2法則に反する」	**間違った解釈** 熱力学第2法則が説明しているのは、熱の全体的な流れについてだ。熱が冷たいほうから熱いほうへ、まったく流れないわけじゃない。
二酸化炭素が目に見えないことは、温室効果を理解する上での重要な性質である。(→p.87)	「二酸化炭素は透明だから無害だ」	**燻製ニシン論法** 目に見えないからといって、熱をさえぎる効果がないことにはならない。
二酸化炭素を放出すると、密度の低い上のほうの層に熱がたまっていく。(→p.88)	「温室効果は飽和する。だから二酸化炭素を放出しても問題ない」	**過度の単純化** 大気はいくつもの層をなしているのに、単一の層として考えてしまっている。
水蒸気がもたらす正のフィードバックにより、二酸化炭素は気候に対してより強い影響を与えるようになる。(→p.90)	「水蒸気は現在の温暖化を引き起こしている最も強力な温室効果ガスだ」	**間違った解釈** 水蒸気は温暖化を後押しするだけなのに、きっかけそのものだと考えてしまっている。
さまざまな人間活動の痕跡は、温暖化の証拠だ。太陽活動の結果ではない。(→p.93)	「地球温暖化の原因は太陽活動だ」	**チェリーピッキング** 世界の気温と太陽活動は逆方向に動いているという、ここ数十年のデータをあえて使わない。
地球の気候変動は人間が引き起こしている。これは太陽系の中でも地球だけだ。(→p.94)	「ほかの惑星も太陽の影響により温暖化している」	**ナマケモノ思考** 寒冷化している惑星もあるという証拠をきちんと見ていない。
過去の気候変動から、気候は熱の変動に強く反応するのが分かる。こういった熱には温室効果ガスがさえぎる熱も含まれる。(→p.97)	「地球の歴史上、気候変動は何度も起こっている。だから今の気候変動も自然だ」	**論理の飛躍** 過去に自然な気候変動があったとしても、現在の気候変動も自然とはいえない。
余分な二酸化炭素は温暖化をもたらし、温暖化は余分な二酸化炭素を生み出す。おたがいに煽っているようなものだ。(→p.98)	「二酸化炭素の変化は気温の変化より遅い。二酸化炭素の温暖化作用はウソだ」	**誤った二者択一** どちらも真実なのに、わざと対立する選択肢であるかのように言う。

環境への影響を否定する

科学的知見	誤情報	誤謬
気候変動は農業、人々の健康、生活環境、生態系など、社会のほぼすべての面に悪影響を与える。（→p.102）	「地球が暖かくなるのはいいことだ」	**チェリーピッキング** 地球温暖化による圧倒的な悪影響をそっくり無視している。
熱波によるリスクは、地球温暖化の前に比べて5倍に増えている。（→p.109）	「熱波は過去にも起きている。だからいまの熱波もふつうだ」	**論理の飛躍** 過去に熱波があったからといって、人間がいまそれを悪化させていないとはいえない。
温まった海はハリケーンのエネルギーの源。ただし威力を増すだけで、頻度が増えるわけではない。（→p.110）	「ハリケーンの変化は地球温暖化と関係ない」	**燻製ニシン論法** ハリケーンの数に注目することで、威力の問題から目をそらしている。
植物が育つにはちょうどいい量の水が必要。気候変動はそのバランスを崩している。（→p.112）	「二酸化炭素は植物の『栄養素』だ」	**過度の単純化** 二酸化炭素はたしかに植物が育つうえで欠かせない。でも全体としては、気候変動の負の影響のほうが大きい。
汚染物質とは環境を害する物質のこと。二酸化炭素は熱をたくわえることで環境を害している。（→p.113）	「二酸化炭素は汚染物質ではない」	**燻製ニシン論法** 言葉の定義にケチをつけて、地球温暖化への影響から注意をそらしている。
ホッキョクグマは狩りをするのに海氷が必要。海氷が溶けるのは死活問題だ。（→p.115）	「数が増えているのだから、地球温暖化は問題ではない」	**過度の単純化** 人間による狩猟というピンチが去ったかわりに、海氷が溶けることで危機が迫っている。
海は酸性度が30%上昇している。そのせいで海洋生物が骨格や殻を作りにくくなり、サンゴ礁が危機を迎えている。（→p.116）	「海はまだ酸性に転じていない。よって酸性化は問題ではない」	**燻製ニシン論法** 海が全体として酸性かアルカリ性かを問題にするのは、海の中での化学変化が急速に進み、酸性化が進行していることから注意をそらすものだ。
地球温暖化と海洋酸性化により、サンゴ礁はほぼ回復不能なダメージを受ける。（→p.117）	「サンゴ礁は以前のように回復可能だ」	**間違った解釈** 大量絶滅の後、サンゴ礁が回復するには何百万年もかかった。

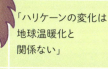

科学的知見	誤情報	誤謬
多くの科学的研究は、地球の気候が気温の変化に敏感であることを示している。(→p.119)	「気候感度は高くない」	**チェリーピッキング** 気温の変化の影響を示すさまざまな証拠を無視している。
生物の適応能力を超えて気候変動が起きると、その生物は絶滅してしまう。いま、生物は過去の大量絶滅と同じくらいのペースで絶滅している。(→p.121)	「生物は気候変動に適応できる」	**論理の飛躍** 生物はゆるやかな気候変動に適応できただけ。いま起きているような、急速な気候変動には適応できない場合がある。

科学を否定する

科学的知見	誤情報	誤謬
ガリレオは思想にもとづいて形成された世界観を、科学的な証拠によってくつがえした。現代でいえば、否定派ではなく、むしろ気候学者が彼の役割をはたしている。(→p.128)	「気候変動の否定派は、常識に挑むガリレオだ」	**間違った解釈** 否定派はむしろ、目障りな科学を切り捨てようとした反ガリレオの人々に近い。
科学者たちは気候への影響を大げさに言うどころか、過小評価してしまいがち。(→p.130)	「気候科学者は人騒がせ」	**チェリーピッキング** IPCCが気候変動を過大評価した例だけを切り取って、過小評価した例をすっかり無視している。
科学者にとっての「不確実」とは、最も確からしい値を中心として誤差があるということ。つまり気候変動の影響は、予測よりもさらに深刻かもしれない。(→p.132)	「科学的に不確かなのだから対策は必要ない」	**論理の飛躍** 有害となる正確な量が分からないからといって、危険がないわけではない。
97%の科学者が、人間こそ地球温暖化の原因だとしている。(→p.134)	「31,000人もの科学者が、地球温暖化は人間のせいではないと言っている。科学的コンセンサスなんてウソだ」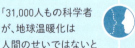	**ニセの専門家** 気候科学を専門としない科学者を使って、ありもしない議論が進行中のように見せかける。 **少数派の誇張** 31,000人はアメリカの理系学部の卒業生のわずか0.3%。

科学的知見	誤情報	誤謬
さまざまな研究が1998年のホッケースティック曲線を裏づけている。(→p.138)	「グラフはデタラメ。ホッケースティックは折れた」	**チェリーピッキング** ホッケースティック曲線を裏づける10年以上の研究成果を無視している。
中世の、一部の地域はかなり温暖だったが、地球全体としては現在よりも気温が低かった。(→p.140)	「中世は今よりももっと温暖だった」	**チェリーピッキング** 暖かかった地域だけに着目し、寒冷化していた地域を無視している。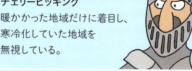
物理法則の基本をもとにした気候モデルからは、多くの正しい予測が得られている。(→p.142)	「気候モデルは信用ならない」	**ありえない期待** 完璧なモデルなどありえない。けれどモデルは過去の気候を再現し、将来的な予測を得るうえで大いに役に立つ。
1970年代には大半の気候研究が、温室効果ガスの増加が温暖化を招くと予測していた。(→p.144)	「1970年代、科学者たちは氷河期がくると予測していた」	**間違った解釈** 1970年代に行なわれた氷河期についての研究は、多数の研究者の合意が得られたものではなかった。それなのに、コンセンサスがあったかのように言う。
気候モデルは、天気の長期間の平均である気候を予測できる。(→p.147)	「科学者は天気を当てられない。だから気候モデルは信頼できない」	**燻製ニシン論法** 天気と気候をいっしょくたにして、短期間の天気と長期間の気候の予測が別ものであるのを無視している。
クライメートゲートは、気候変動の否定派こそが陰謀論者だと示している。(→p.148)	「クライメートゲートによって、気候科学が陰謀だとバレた」	**陰謀論** 気候科学の否定派は、当たり前な科学的議論を世界的な陰謀とみなしている。
「マイケルのトリック」は、年輪の成長が抑えられていることを意味する「減退の隠蔽」とは関係ない。(→p.151)	「科学者は気温の低下を隠蔽しようとしている」	**陰謀論** 科学的な議論の文脈を無視した電子メールの切り貼りから、科学者が何かを隠そうとしていると信じこむ。

「気候変動なんてありえない」って、なぜ思うんだろう?

私たちは気候変動に関する情報に囲まれて生活している。人間の活動のせいで地球温暖化が生じていることを示す、非常に多くの「科学的知見」があるんだ。このことは圧倒的な割合の専門家が合意していて、気候科学を専門とする研究者の97%が、地球の気候を人間が変えつつあることに同意している。

いっぽうで、気候科学に疑いの目を向ける多くの「誤情報」にも直面しているね。フェイクニュースは人々を本物のニュースから遠ざける可能性があり、誤情報は無視できない問題なんだ。

私たちはこれらの誤った情報に対処しなくちゃならない。しかし、どうすればいいんだろう? 科学を否定する人たちが、どんな間違った議論の仕方をしているか、調べてみよう。どのようにして惑わされるのかを学ぶことで、間違った情報はその力を失うことだろう。

この本では、気候変動の問題がなぜこれほど大きな議論になっているのかを説明し、間違った情報、すなわち疑似科学の欠点を明らかにする。そして科学を否定する人たちにどう対応すべきかを示そうと思う。

Chapter 1

気候変動問題はいかにして、かくも大きな議論になっているのか？

1988年

我々は温室効果（グリーンハウス効果）に対し、ホワイトハウス効果でたたかっていく

ジョージ・H・W・ブッシュ
アメリカ合衆国
第41代大統領、
在任期間1989〜1993年

2012年

地球温暖化という概念は、中国人によって、中国人のために作られたものだ！

ドナルド・トランプ
アメリカ合衆国
第45代大統領、
在任期間2017〜2021年

気候変動：人間心理のスケールを超えた問題

> 気候変動の問題は、人間の心理では対処することが難しい問題の典型です。

ダニエル・カーネマン教授
ノーベル賞受賞者

我々ヒトの脳は、気候変動のような大きな脅威にうまく対処できるようにはできていない。ヒトは過去、何百万年にもわたり、茂みから飛びかかってくる獣のような、すぐに判断できるような危険を避けるように進化してきた。
短期的な危機を察知することで、人類は生き延びてきたんだ。

それに対し地球温暖化は、地球全体に迫りくる、ゆっくりとした脅威だ。
ヒトの脳は、一生を超えるような長いスケールの現象や、地球規模で起こるような危険に対して反応できない。だから現在進行している気候変動がどれだけ危機的なことかを理解しようとして混乱してもしょうがないんだ。

気候変動の問題は、正しく考えることも難しいことに加えて、誤った情報が大波のように押し寄せている。既得権益、政治的な偏向、気候変動の地球規模での性質、さらに誤った情報が組み合わさって、気候変動を認めたり、その気候対策を進めたりすることを否定する気持ちが生まれてしまうんだ。

 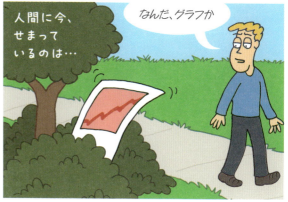

一般の人々からは、押し寄せる誤情報も科学的な論争の一部のように見える。私たちはテレビやソーシャルメディア上で、専門家と反対論者が専門用語を使って議論するのを見ると、科学者たちは人間の活動が地球温暖化の原因であるのかどうかという基本的な疑問について、まだ結論を出していないと思い込んでしまう。

このような論争は100年以上もの研究にもとづいて、科学者たちが人為的な地球温暖化について理解してきたという事実を覆い隠している。科学的な知見は、多くの異なった証拠が同じ結論を導くことによって、より信頼性が高くなっていく。それこそまさに、私たちが観測している気候変動なんだ。

現在の気候変動には、地球温暖化が人間によって引き起こされているという、ちょうど指紋のようなたしかな証拠がたくさんあるんだ。そしてこの証拠の山は、圧倒的多数の気候学者の支持を集めているんだ。

*1=p.100、*2=p.77参照

> 二酸化炭素が
> 大気中の熱を
> 封じこめろことは、
> 19世紀から
> 分かっています。

ジェームズ・ハンセン教授
コロンビア大学

気候変動の
科学的コンセンサス*

「気候変動に関する政府間パネル（IPCC）*（→p.174）」という団体がある。
ここには1990年以降、気候変動の科学的研究について話し合うため、
世界中の気候科学の専門家が集まってきたんだ。IPCCでは気候変動をめぐる
最新の科学的理解をまとめたレポートを、定期的に発行している。

科学的な証拠はどんどん増えていて、IPCCは地球温暖化の原因はヒトの活動だと
強く確信している。人間が地球の気候に影響をおよぼしていると発表したのは1995年だ。
2013年のレポート*（→p.174）では、20世紀半ばからあらわれてきた地球温暖化は
人間によって引き起こされた可能性が極めて高いとされた。

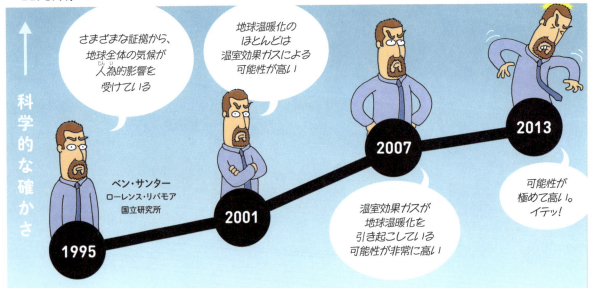

IPCCのレポートにまとめられた証拠が、科学者のあいだでの圧倒的なコンセンサスのもとに
なっている。97％の気候科学者が、地球温暖化は人為的なものと考えている*（→p.174）。

*＝コンセンサス（consensus）とは、多くの人々の意見が一致しているということで、特に科学的な知見について専門家のあいだで意見が
一致している場合に、科学的コンセンサスが得られているという。科学研究では、多くの専門家がたがいに実験や観察の結果を基に

97% 気候科学者の97%が、地球温暖化は人間が原因だと考えている（→p.134）

議論を重ねて科学的コンセンサスを作っていく。たとえば、理科の教科書は、このような専門家のコンセンサスを得た知識を扱っている。

気候変動についての科学的コンセンサスは何十年も前からできあがっているけれど、昔は政治的にも合意されていたんだ。1988年、現職副大統領で、大統領選挙での共和党候補者でもあったジョージ・H・W・ブッシュは気候変動を認め、それとたたかっていくと公約に掲げた。

政治的な立場を超えて一致していた議論が、なぜこんな対立の種になってしまったのだろう？話は1980年代後半から始まる。3人の科学者が喫煙とガンの科学的な関連性、酸性雨の実態、オゾンホールの深刻さ、地球温暖化といった問題で攻撃を始めたんだ。産業が公衆衛生や環境に悪影響をおよぼしているという科学的証拠を否定しようとしたんだ。

なぜこれらの科学者たちは、科学に背を向けて
しまったのだろうか？　明らかに
お金目当てではあるけれど、
動機はもっと深いところにあった。
3人は「自由市場原理主義」と呼ばれる
思想の持ち主だったんだ。自由市場原理主義は、
資本主義と個人の自由は切っても切れない
関係にあるとする考え方。タバコへの課税のような
ちょっとした規制であっても、それが大がかりな規制につながって、
自分たちの生活を政府がすみずみまでコントロールするようになると
考えるのだ。こうした議論の仕方は間違っていて、「滑り坂論法」という。

気候変動をめぐる対立は、科学的な対立ではない。
政府が人々を守るため、どこまで市場を規制するかで
ぶつかっているんだ。自由市場原理主義をよしとする人たちは
科学的な証拠を嫌い、そもそも問題が存在することさえ否定する。

政府の規制をどれくらい許すか、
気をつけて線引きしないと……
我々の生活はどこまでも
コントロールされるようになる

S・フレッド・シンガー

 滑り坂論法

「滑り坂論法」とは、小さな行動が
やがてとんでもない結果を招くという
誤った議論の仕方だ
（そうした主張における「とんでもない結果」は、
たいてい馬鹿げている）。
ひとつのことがきっかけとなって
必ず重大な結果につながるという、
誤った推測だ。

＊＝著者がコミックの世界に入ろうと考えていたとき、
父親が本当に口にしたせりふ。

博士号を
取らないの
なら、

ぼろぼろの
ジーンズをはいて
路上生活だぞ＊

> これは科学的な
> 議論ではありません。
> 政治的な
> 議論なのです。
> 政治的な議論が、
> 科学的な議論の
> ふりをしているのです。

ナオミ・オレスケス教授
ハーバード大学

23

政界と産業界の同盟が育てた否定論

> ある事柄を理解していないことによって給料を得ている人に、そのことが正しいか間違っているかを分かってもらうのは難しい。

アプトン・シンクレア
ピュリツァー賞*
受賞作家

気候科学を攻撃しようと考えたとさ、保守派には化石燃料を燃やすことによって利益を得ている石油業界という強い味方がいた。1990年代前半から石油業界は、「気候変動は疑わしい」という主張をさせるために、何十億ドル（何千億円）ものお金を使ってきたんだ。

1970〜80年代には石油業界の内部の科学者たちも、化石燃料のせいで気候変動が起きていると言っていた。ところが、経営者たちは科学を前提に判断せずに、石油業界にとって都合のいい誤情報に投資した。内部の科学者たちよりもっと世の中に信頼されそうな、保守派の人たちに数十億ドルもの大金をつぎ込んだのだ。

そういった協力関係は強力だった。数十年のうちに、気候変動は社会的な対立の種になっていった。政治と産業がべったりくっついたことによる、最悪の事態だった。

ロジャー・コーエン
エクソンモービル社所属
科学者

*＝アメリカ合衆国における新聞、雑誌、オンラインの報道などのジャーナリズムや、文学、音楽の功績に対して毎年与えられる賞。1917年に創設され、非常に権威がある。アプトン・シンクレア(1878-1968)は、1943年にナチス政権下でのドイツとホロコーストを描いた「Dragon's Teeth」で、小説部門（現フィクション部門）を受賞している。

「科学」を疑わせる：タバコ業界のマニュアル

保守系のシンクタンク*は、どうやって科学を攻撃したのだろう？人々が科学的知見を疑うように仕向けたんだ。彼らは科学のあいまいな部分を強調してみせた。あいまいなところがあるからといって、すべてが否定されるべきではないのに。こうした戦略を生み出したのは、気候変動について誤った情報を流している人たちじゃない。それはタバコ産業だ。タバコ産業は、ガンと喫煙の関係をめぐる科学的調査に疑いの目が向くようにしていた。

*＝シンクタンクとは、さまざまな分野の専門家を集めて、社会の問題や政策について、議論したり提言したりする研究団体。

石油産業はかつてのタバコ産業と同じ戦略を使っただけでなく、同じ助っ人たちの力さえ借りた。石油の環境への影響について「怪しい」と言ったのは、ガンと喫煙の関係について疑いの声をあげてみせた3人の学者だったんだ。

> 問題を起こして
> いるのは科学を
> 信じたくない人たち。
> 科学的な証拠を
> 受け入れられない
> のです。

ナオミ・オレスケス教授
ハーバード大学
『世界を騙しつづける科学者たち』著者

アイロニー
アラート*

政府に口出しされるのが
いやで、気候変動対策を
しぶっていると、気候変動の
影響が深刻化して、
政府がもっと口出しを
してくるようになる。

＊＝アイロニーとは皮肉のこと。
温暖化の話の中には、
一見矛盾するようなこと、
ちぐはぐな結果が得られて
しまうことがしばしば起こる。

誤った情報が広められた影響はあまりにも大きかった。
ここ数十年、アメリカでは気候変動をめぐってますます対立が深まっている。
民主党支持者では地球温暖化を事実として受け入れる人たちが増え、
いっぽう、共和党支持者は反対の方向に進んでいる。

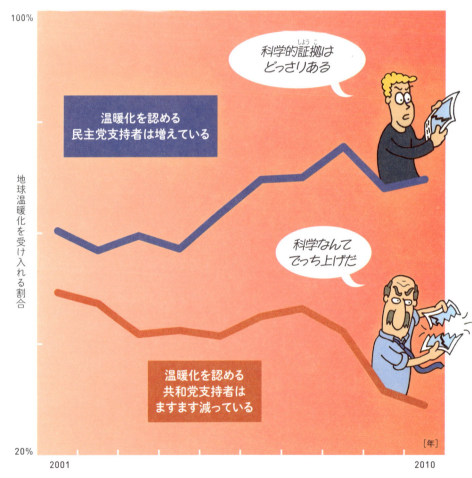

気候変動をめぐって人々は大きく分断された。この問題をどう考えるかは、
いまやすっかり政治的な立場の話になっている。気候科学についてどう考えるかは、
教育や収入、性別、年齢というよりも、誰に投票するかによって決まってしまう。
気候変動問題は特定のグループ間の対立の種となってしまっている。

心理学の研究によると、誤った情報は人々に大きな影響を与えることが分かっている。
ある研究で、気候変動についての話を聞いた後で、その対応策について答えてもらった。
保守派に規制をともなう解決策を示すと、みんな科学を否定する。
いっぽう原子力利用をともなう解決策を示すと、みんな科学を肯定する。
人々の科学への態度は、気候変動への解決策を受け入れられるかどうかによるのだ。

多くの人たちは、無意識のうちに科学を
否定するようだ。それをはっきりと
口にしてみせるのがトランプ元大統領なんだ。
「人間の活動は地球温暖化に影響を
与えているらしいが、その事実を
受け入れるかどうかは、自分の会社に
どのくらい負担を強いるかによる」と
彼ははっきり言った。

社会のリーダーの発言は重大だ。
有力な政治家が誤った情報を流したら、
気候変動に対する国民の考え方は
おかしくなる。トランプ元大統領が
気候科学を攻撃するかわりに、
はっきりと受け入れると言ったならどうなるか、
想像してみてほしい。

＊＝気候変動について情報を発信する人。

科学否定論の特徴

すべてのものごとを疑ってみるという懐疑主義は、決して悪いことじゃない。
科学的に考えるということは、ものごとを懐疑的に考えることでもある。
そもそも科学者は本物の懐疑主義者であって、
研究を進める過程ではすべての証拠を疑ってみるものだ。
ところが科学を否定する人たちは、その反対をする。

> 科学がよく分からず、科学に否定的な人たちが権力をにぎれば、発せられる情報が極めて偏ってしまいます。これは民主主義の本来あるべき姿ではありません。

ニール・ドグラース・タイソン
アメリカ自然史博物館
・ヘイデンプラネタリウム

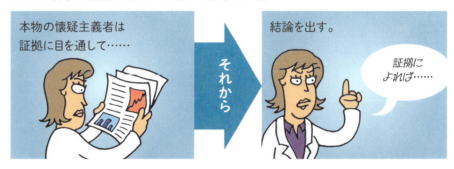

本物の懐疑主義と、科学否定論をどう見分けたらいいのだろう？
科学否定論には5つの特徴的な論理の誤謬がある。そのせいで
科学的な論争なんてないのに、賛否両論あるように見えてしまうんだ。

これら5つは頭文字をとって「FLICC」と言う。

 F Fake Experts ニセの専門家

 L Logical Fallacies 誤った論理展開

 I Impossible Expectations ありえない期待

 C Cherry Picking チェリーピッキング

 C Conspiracy Theories 陰謀論

これら5つの特徴は、人間の活動による地球温暖化、進化論、喫煙とガンの関係といった
科学的コンセンサスを否定するあらゆる主張の中に登場する。
そういった手口や論理的な誤りを理解するのは、
誤った情報を見極めて対応していくうえでとても大切だ。

ニセの専門家
専門家の意見に疑いを持たせるために、専門知識を持たない人間に情報を発信させる。

誤った論理展開
議論の仕方が間違っていて、誤った理解や結論に導く説明の仕方。たとえば「わら人形論法*2」や「燻製ニシン論法」(→p.36)。

ありえない期待
科学的な議論をする前に、非現実的な基準の証拠を求める。

チェリーピッキング
わずかなデータだけ選び出して、都合の悪いデータはなかったことにする。

陰謀論
理解の難しいものごとに出会ったとき、「これは誰かの悪意ある秘密のはかりごとだ」と考えること。都合の悪い証拠は、さらに大きな陰謀の証拠だと考える。

*1=CAGWはアメリカ政府の無駄遣いに反対する市民の会。
*2=わら人形論法とは相手の意見を自分の都合のいいようにゆがめて理解し、それに対して反論・攻撃すること。相手の意見をゆがめることで、簡単に倒せそうな存在(=わら人形)に仕立て上げている。

科学否定論の5つの特徴を理解するのが、
誤った情報を見極めるカギだ。

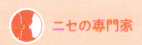

ニセの専門家

「**ニセの専門家**」とは、実はその分野の専門的な知識なんて
ないのに、専門家のように振る舞う人たち。こうした人たちは
しばしば、世の中を混乱させるためにかつぎ出される。
1970年代にこのような戦略をとったのがタバコ産業だ。
このキャンペーンは、わざわざ「白衣プロジェクト」
という名前までついていた。

人間は**認知バイアス**[*1]のせいで、ニセの専門家に
強く引き寄せられてしまう。自分が賛成できる相手は、
賛成できない相手より高い専門性があると考えてしまいがちなんだ。
つまり科学否定派は気候科学者の意見に耳を貸さず、
その反対の意見に注意をはらう傾向がある。

ニセの議論とメディアの誤ったバランス

メディアは意見が分かれている議論について、
両方の意見をバランスよく取り上げようとする。
政治の話題や意見の違いを紹介するときは、それが正しい。
でも科学や事実については、よくない方法だ。

気候変動を否定する人たちは、本当は少数しかいない
否定派を前面に打ち出すことで偽りのバランスを演出し、
その人たちを気候科学者と同じような地位にまで
引き上げている。実際には97%の科学者が気候変動を
認めているのに、50:50で意見がぶつかっているかのような
印象を植えつけているんだ。

皮肉なことに、偏りを避けようとする
メディアの姿勢が、気候変動についての
誤解を広めてしまっている。

*1＝直観や個人的な経験をもとにした思い込みや誤解によって判断してしまうことで、誤った結論や理屈に合わない結果を招くことが多い。
*2＝地球が球ではなく平面だと主張する団体。アメリカに実際に存在する。

 誤った論理展開

「**誤った論理展開**」は、誤った結論に導く説明の仕方のこと。
いろいろある中でも、ここでは科学否定派の主張によくあるものを
いくつか見てみよう。

人格否定
相手の人格を
攻撃して議論を
壊す

論理の飛躍
話の前後が
結びついていない
（無理な推論）

燻製ニシン論法
議論にまったく
関係のない情報を
持ち出して
混乱させる

「**ありえない期待**」とは、科学的な対策について話し合われているとき、非現実的な基準の証拠を求めること。科学にとっては、「不確実性」にも重要な意味がある。でも科学否定派は、科学は白黒はっきりするものだという誤解を広めて、不確実さを攻撃の的にする。現実的な基準を超えた質や量の証拠を求めることは、逆に非常に低い水準の証拠をもとにして科学を否定する誤解につながる。証拠がほとんどないのに、科学を否定する立場をあっさり受け入れてしまうんだ。

「**チェリーピッキング**」とは、ごくわずかなデータだけに注目して、都合の悪いものはそっくり無視する態度だ。チェリーピッキングによる誤った誘導と、正しい議論の仕方を区別するにはどうしたらいいんだろう? 数多くのデータのごく一部から結論が導かれていたり、そのごく一部の例がほとんどの証拠と矛盾していたら、たぶんチェリーピッキングだ。

「**陰謀論**」を信じる科学否定派は、世界の科学者は大がかりな陰謀の片棒をかついでいると主張する。もちろん、そんな巨大な陰謀などありえない。世界中の科学者たちが大量のウソの証拠をこしらえて、気候変動をでっち上げているなんてことがあるだろうか?

科学者に説教する 科学がどうあるべきか、お説教したがる人たち

気候変動を否定する人々が考える「地球温暖化捏造論」を想像してみた

(注:当然ですが、ちゃんとした科学者の方々はこんなことはやっていません！)

気候変動否定派の「3つの段階」

気候変動否定派の「量子論」

否定派の人たちは、矛盾した考えを同時に持てるようだ。まるで微小な粒子が異なる状態を同時に取れる、量子物理学だ。

気候変動否定派の主張は「事実ではない」「自分たちのせいではない」「問題ではない」というパターンに分けられる。これらは「否定の3つの段階」とされたりもする。論理的に考えようとする人間は、証拠が増えていけば「事実ではない」から「事実だけれど自分たちのせいではない」に立場を変えていくだろう。でも、否定派はそうではないようだ。

否定派の人たちは映画『マトリックス』に出てくる、高速で移動して弾丸をよけるエージェントに似ている。どんな証拠が飛んできても、ひらりひらりとかわしてみせるんだ。

月曜日には、地球温暖化が起きていることを否定する。

火曜日には、地球温暖化が起きているのは認めるが、それは太陽のせいだと言う。

水曜日には、地球温暖化はいったん止まっていると言い出す。

筋が通っているかなんて、どうでもいいのだろう。最終的にすべての主張は同じ結論に向かう。「ゆえに、我々は何もする必要がない」。

Chapter. 2

事実を否定する

温暖化のサインはこれだけある

> 26,500以上の異なる観察や実験から得られた証拠、または「自然」温度計が、地球温暖化を警告しています。

シンシア・ローゼンツウェイグ博士
アメリカ航空宇宙局（NASA）

温暖化のサインは、地球上のいたるところで観測されている。温度計には地表の温暖化が表れているし、深海に沈められたブイは海中にたまった熱を感知している。海面が上昇し、春の訪れが早まり、大陸を覆う厚い氷の層、すなわち氷床は崩れ、氷河は小さくなっている……。樹木限界、つまり「これ以上環境が厳しくなると樹木が育たない」という境界線だって動いているのだ。

この150年のあいだに、地球の温度は約1℃上昇した。おかげで莫大な熱が生じ、地球全体によくない影響を与えている。人間は1日のうちに10℃くらいの気温の変化を経験するのだから、1℃の上昇なんて大したことがないのだろうか？鍋の中でゆっくりとゆでガエルになる*ように、地球温暖化の深刻さは理解が難しいのだ。

＊＝カエルを沸騰したお湯に入れると飛び出すが、水からゆっくりと加熱して沸騰させると温度変化を感知せずそのまま死んでしまうという俗説に由来する比喩。実際には、水から加熱してもある温度になると逃げようとし、突然沸騰したお湯の中に入れられると、飛び出すことはできずに死んでしまう。

心理的距離

人間は直接経験していないものごとを、なかなか実感しにくい。

地球温暖化はどこか遠くのできごとだという人たちがいる。
それは大きな誤解なのに、すっかり定着してしまっている。
なぜそうなったかというと、人間は恐怖から心理的に距離を取ろうとするからだ。

心理的距離はさまざまな形で表れる。たとえば地球温暖化はまだ当分起きない、どこか遠く離れた場所で起きている(よくあるホッキョクグマが苦しんでいるような図が、そういった誤解を強めてしまっている)。たとえば気候への影響はあいまいな仮説にすぎない、自分たちとは関係ない地域でしか起きないなど。

実際には、地球温暖化は既に起きていて、世界のすみずみまでその影響がおよんでいる。オバマ元大統領がたびたび訴えてきたように、地球温暖化はいま、ここで起きているんだ。

1秒で原子爆弾4個分の温暖化

海中にたまり、陸上と大気を熱し、氷を溶かしている熱の量を科学者たちは測定してきた。
いまでは1秒につき広島型原子爆弾4個の爆発に匹敵するほどの勢いで、地球が熱くなっていると分かっている。

温暖化の否定派は山ほどある証拠に目をつぶり、ごくわずかなデータに飛びついて、
地球が熱くなっているという事実を無視している。否定派は、地球温暖化は1998年に止まったと言っている。
でも地球がまだ多くの熱をためているのに、地表の温暖化が遅くなったりするだろうか？

熱がじわじわと蓄積されていくいっぽう、エルニーニョ*をはじめとする海洋の短期的な変動によって、熱はいつも海と大気のあいだを行ったり来たりしている*。（→p.175）そのため、気温は年によって高くなったり低くなったりするんだ。

エルニーニョに見られるように、海と大気のあいだで熱が複雑に行き来し、地表の温度が年によって高くなったり低くなったりする。

気温は年によって変化する。だから長い時間をかけて起きている温暖化の短い一時期を切り取ってみれば、温暖化が止まったように見えたりもするんだ。でもそれはチェリーピッキングで、地球が膨大な熱を蓄積しつづけているという、全体的な状況から目をそらすことになる。

船が沈んでいるだと？ワシは上がっているぞ

科学的知見
ここ数十年にわたり、地球は1秒につき広島型原子爆弾4個分の熱を蓄積している。

誤情報
「地球温暖化は1998年に止まった」

誤謬
チェリーピッキング
地球が熱を蓄積しているという多くの証拠をすべて無視している。

*=「エルニーニョ」は、スペイン語で「小さな男の子」の意。「El Niño de Navidad」で、「幼子イエス」をあらわし、クリスマス頃に生じることから命名された。

気温が下がる＝太陽は存在しない？

科学的知見
地球温暖化のせいで暑い日が増えている。

誤情報
「今日は寒い。ゆえに地球温暖化は事実ではない」

誤謬
ありえない期待
地球温暖化は寒い日がなくなるわけではない。寒い日がより少なくなるんだ。

地球が温暖化しているといっても、寒くなる年もある。そうじゃなくて暑い日が増えて、寒い日が減るんだ。アメリカ全土において、過去最高気温が記録される機会は増えつづけている。ここ十年にわたって、暑さの記録は寒さの記録の2倍もあった。

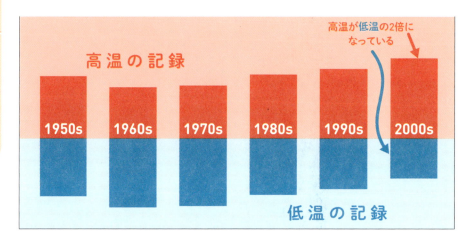

それなのに、寒くなるたびに「地球温暖化はどうした？」と言う人たちがいる。こういった意見は、「ありえない期待」という誤謬からくるものだ。地球温暖化は、寒い日がなくなるのを意味するわけではない。地球温暖化は暑い日がより多くなり、寒い日が少なくなるのを意味しているんだ。

「今日は寒いから地球温暖化はありえない」という主張は、チェリーピッキングの一種でもある。地球が全体として熱っぽくなっているのを無視しているからだ。

ジェームズ・インホフ
共和党上院議員

「見ろ、雪玉だ。地球温暖化はどこで起きているのかね？」
「世界中だ！」

科学的知見
北極海の海氷はじわじわ減っている。面積はわずか40年で半分になった。

誤情報
「北極海の海氷は回復している」

誤謬
チェリーピッキング 長期間にわたる海氷の減少を無視して、数年間の変化だけ見ている。

地球は「頭が薄く」なってきている

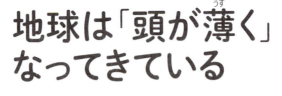

北極海の海氷域面積（氷に覆われている部分が15%以上ある海洋面積）は、ここ数十年にわたってじわじわと減少している。それが一番はっきりするのは、夏に氷が溶けたあと、海氷面積が最小になる毎年9月に測ったときだ。

北極は激しい変化に見舞われている。地球全体の平均の3倍近い速さで、温暖化が進行しているんだ。海氷面積は40年前の半分になってしまった。

海氷の量は風向き、雲の量、水蒸気、海流から伝わってくる熱など、さまざまな要因の影響を受ける。その量は場所や年にもよるけれど、長期的には明らかに減っている。

海氷面積が過去最小を記録すると、翌年の夏には反動で増えることもある。温暖化否定派はこういった短期的なできごとに飛びついて、海氷は回復していると言いたがる。これはチェリーピッキングで、長期的な傾向をまったく無視したものだ。毎日体重が変化するのに一喜一憂して、ダイエットをやめてしまうのと同じだ。

" 気候変動を考えるうえで、北極の海氷は「炭鉱のカナリア*」です。

キャサリン・ヘイホー教授
テキサス工科大学

*＝昔、炭鉱労働者が有毒ガスの存在を知るために、カナリアをつれて炭鉱に入ったことから、危険が迫っていることを知らせる前兆をさす慣用句。

51

溶ける氷河

科学的知見
地球上のいたるところで、氷河は加速度的に小さくなっている。

誤情報
「地球の氷河は大きくなっている。地球温暖化はウソだ」

誤謬

チェリーピッキング
ほとんどの氷河が小さくなっているのを無視して、いくつかの成長している氷河だけ取り上げる。

過度の単純化
温暖化が地域によっては雪の量を増やし、限られた氷河の成長を生むことを無視している。

地球上のいたるところで氷河が減っている。1年で約1500億トンも失われているんだ。氷河が後退する勢いはここ20年で加速した。いくつかの氷河は、数千年の歴史で最も小さくなってしまっている。氷河が給水タンクのような役割を果たしている地域では、これは死活問題だ。氷河は冬のあいだに水をたくわえ、夏になると下流に放出するんだ。

一部の氷河が大きくなっていることを取り上げて、地球温暖化など起きていないと主張する人たちがいる。それは、世界中に10万個以上ある氷河の大部分は小さくなっているという事実を無視して、大きくなっている氷河だけ取り上げたチェリーピッキングだ。

なぜ、小さくなっていない氷河もあるのだろうか？ 暖かい空気は氷を溶かすと同時に、空気中の水分を増やす。すると、いくつかの地域では雪が増える。つまりそれぞれの氷河によって温暖化に対する反応は異なり、ほとんどが小さくなっていても、地域によっては、温暖化は雪の量を増やし、氷河を成長させる場合がある、ということを無視している。こうした複雑な関係を無視するのは、ことを単純化しすぎている。

氷の減少は、地球最大の氷床があるグリーンランドと南極で特に激しい。

科学的知見
グリーンランドでは毎年、エベレスト2つ分の氷が失われている。

誤情報
「グリーンランド内陸部では氷が増えている。減っているなんてウソだ」

誤謬
チェリーピッキング 氷床の先が欠けてどんどん流出しているのを無視している。

史上最悪のおとり商法、グリーンランド

グリーンランドの氷床では、毎年3000億トン以上もの氷が失われている。大まかに言ってエベレスト2つ分の重さの氷が毎年なくなっている計算だ。

グリーンランドの氷は、氷河の先が欠けて氷山になることで失われる。溶けた氷の水が潤滑剤の役割をはたして、氷山が海に流れ出していくスピードを速める。こうしてグリーンランドはどんどん氷を失ってしまう。

いっぽう、グリーンランド内陸部の氷の量は増えている。地球温暖化のせいで大気中の水分が増え、そのせいで雪の量が多くなっているんだ。だが、周辺での氷の流出は、内陸部での氷の増加量を上回っている。

温暖化を否定する人たちは、内陸部での氷の増加をチェリーピッキングして、周辺での氷の流出を無視している。こういった議論は、ダイエットソーダを飲んでいればファストフードばかり食べても太らないと言っているようなものだ。

グリーンランドにまつわるもうひとつの物語は、「グリーンランドはかつて緑（グリーン）だった」というもの。さて、どういうことだろう？およそ1000年前、スカンジナビア半島やアイスランドからやってきた探検者たちが、グリーンランド南西部に住みついた。氷床は少なくとも数十万年前からあったのだから、現在の島は、グリーンランドと名づけられた当時とよく似ていることになる。

この島はとても巨大な氷床に覆われているのに、なぜグリーンランドと命名されたんだろう？簡単にいえば宣伝のためだ。ヨーロッパ人として初めてグリーンランドに足を踏み入れた「赤毛のエイリーク」は、人々をこの島に住まわせるため、新天地にはよりよい暮らしが待っていると言って回った。実のところ、住みやすい場所は限られていたのだけど。

科学的知見
グリーンランドの氷床は数十万年前からあった。

誤情報
「グリーンランドはかつて緑だった」

誤謬
間違った解釈
かつてのグリーンランドの氷床について、誤ったイメージを広めている。

否定派の人たちは「かつてグリーンランドは緑だった」という主張によって、グリーンランドが中世には温暖で、最近の温暖化も自然現象だと言おうとしている。でもそれは間違いなんだ。グリーンランドの一部は、現在と同じくらいの気温だったかもしれないけれど、中世の地球は全体としては現在よりも寒かったんだ。

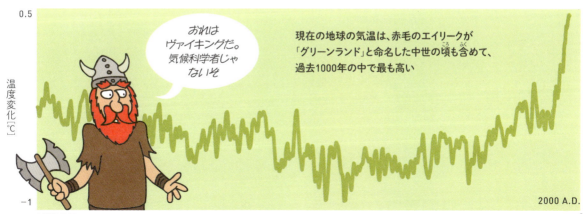

現在の地球の気温は、赤毛のエイリークが「グリーンランド」と命名した中世の頃も含めて、過去1000年の中で最も高い

南極の海氷と陸の氷床をごっちゃにする

科学的知見
南極では毎年約1000億トンもの氷が失われている。

誤情報
「南極の内陸部では氷が厚みを増している。氷は失われてなんかいない」

誤謬
チェリーピッキング
大陸のふちで氷がどんどん失われているのを無視している。

南極大陸は東側と西側に分けられる。もし西南極の大陸氷床がすべて溶けてしまったら、海面は7メートルくらい上昇するはずだ。東南極の大陸氷床は、世界最大の質量を持っている。もし東南極の氷床がすべて溶けてしまったら、海面は65メートルくらい上昇するはずだ。

西南極の氷が失われ始めたのは1990年代のこと。その後も失われる勢いはどんどん増して、今では毎年約1000億トンもの氷がなくなっている。東南極の場合、大陸のふちの部分では氷がなくなりつつあるけれど、内陸部ではむしろ多くの雪が降っている。おかげで東南極の氷床は、いまのところ落ち着いている。

南極全体では毎年約1000億トンもの大陸氷床が失われている。温暖化の否定派が、南極の大陸氷床は増えていると言いたがるのはデータのチェリーピッキングだ。東南極の内陸部の氷床だけに注目して、大陸の他の部分では氷床が失われているのを無視しているんだ。

科学者に説教する
科学がどうあるべきかお説教したがる人たち……

南極の海氷は、もうちょっと複雑だ。南極海に浮かぶ海氷面積は、ここ数十年にわたってわずかながら増えている。このあたりの地域も温暖化しているのに、なぜそうなるのだろうか？

原因はいくつもありそうだ。一番考えられるのは、大陸から吹きつける風。この風が氷を沖へと押しやり、ひらけた海を生んで、海氷ができるスペースが増える。最近風が強くなっているから、より多くの海氷ができているというわけだ。

別の原因としては、南極の氷床が溶けて生まれた真水がありそうだ。真水は塩分を含む海水よりも凍りやすいんだ。

科学的知見
南極の海氷は、いろいろな要因の影響をうける。たとえば、大陸からの風によって海氷ができやすくなる。

誤情報
「南極で海氷が増えているのは、地球温暖化が起きていない証拠だ」

誤謬
過度の単純化 南極の海氷に影響するいろいろな要因を無視している。

このくらいいいだろう！

運動なんてムダじゃないか！

増える南極の海氷は、地球温暖化はウソだという主張に使われてきた。でもこれは過度の単純化で、南極の海氷がいろいろな要因の影響をうけることを無視している。運動したあとにファストフードをどっさり食べておきながら、なぜ体重が減らないのかと不思議がるようなものだ。

ママ！
あっ！どうしよう

海面水位上昇の「ゴールポスト」を動かす

科学的知見
海面は過去100年にわたって上昇を続けている。

誤情報
「海面上昇は大げさだ」

誤謬
チェリーピッキング 長期的な状況に対して、海面上昇が進んでいない短い期間を取り上げる。

海に吸収された熱は「熱膨張」を引き起こす。
つまり、温かい水は冷たい水より大きな体積を占めるんだ。
これが、海面が上昇している原因のひとつだ。もうひとつの原因は溶けゆく陸上の氷だ。
グリーンランドと南極では、毎年何千億トンもの氷が海に流れこんでいる。

潮位計による測定と衛星観測を合わせて見てみると、
過去100年にわたって海面上昇が続き、その勢いが増しているのが分かる。
温暖化の否定派も、海面上昇が起きていないとは言いづらい。
それでも否定派はあきらめない。長期的な海面上昇はウソじゃないかと思わせるため、
上昇がいったん止まっている短い期間をチェリーピッキングするんだ。

"海面上昇は、まさに忍び寄る破滅です。"
ジョシュ・ウィリス
NASAジェット推進研究本部

さすがに海面上昇を無視するのは難しいから、否定派は加速が止まっていると主張したりする。海面上昇そのものをウソだと言うのではなく、時間とともに勢いが増しているのを否定するんだ。スポーツでいえば、自分たちの都合のいいようにゴールポストを動かすようなものだ。

 ゴールポストの移動

海面上昇が起きているのは仕方なく認める。でも、海面上昇の勢いは増していないということに論点を移動させて、自分たちの都合のいいほうへ話をそらす。

太陽に罪は なすりつけられない

科学的知見
太陽活動が弱まったとしても、地球温暖化がわずかに遅れるだけ。

誤情報
「太陽活動が弱まるにしたがって、氷河期が近づいている」

誤謬
間違った解釈
地球の気候における太陽活動の影響を大げさにとらえている。実際には、温室効果に比べて影響はごく小さい。

ここ数十年にわたり、太陽はじわじわと冷たくなってきている。このまま冷えつづけるとどうなるだろうか？ 太陽にはかつて、いまよりも冷たい時期があった。1600年代に太陽活動が低下していた時期があって、地球には「小氷河期」が訪れた。

もし太陽活動がこの頃と同じくらい弱まったら、将来の地球温暖化はどうなるのだろう？ 太陽光が減るけれど、地球温暖化の影響がおよそ10年分、帳消しになるだけだ。温室効果に比べて、太陽はわずかな要因でしかないんだ。

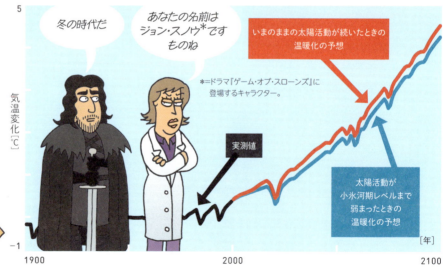

ではなぜ一部の人たちは、これから氷河期が始まるなどと主張しているのだろう。
それは、太陽活動が気候におよぼす影響を、誤ってとらえているんだ。
太陽の活動が変化しても、地球が温暖化をまぬがれることはない。
冬の時代なんてやってこない。

地球温暖化は人間が原因

科学者たちはたくさんの研究を行なって、
人間の活動が現在の地球温暖化にどれくらい影響しているか示してきた。
これらの研究から「1950年以降の地球温暖化の原因のほぼ100%が、
人間の活動が原因である」と、科学者たちの意見は一致している。

> **科学的知見**
> 1950年以降の地球温暖化のすべてが人間のせいだ。

> **誤情報**
> 「人間の活動は地球温暖化にさほど影響していない」

> **誤謬**
> ナマケモノ思考
> 人間の地球温暖化への影響が推定される調査結果をすべて無視する。

地球温暖化の原因を探った10種類の異なった研究

ナマケモノ思考
証拠を軽視して誤った結論を出すこと。
チェリーピッキングに似ているけれど、
証拠の確認をおこたるところが
ポイントだ。

それどころか人間の活動の影響は
100%をやや上回っていて、
自然界の働きがかろうじて地球を
冷やしてくれている。人間は、
地球温暖化以外にもいろんなことに
責任があるんだ。

もし気候変動がミステリーだったら、
犯人はすぐに分かるだろう。
地球温暖化が人間のせいだと示す
証拠は山ほどあるんだ。

＊＝黒点の温度は低いが、黒点が多いほうが、太陽活動が活発である。

キーリング曲線はなぜギザギザなのか？

> 私たちは大気に炭素を加えつづけています。大気にとっては新しい炭素で、環境を不安定にします。

カロリンヌ・ルクレール教授
イーストアングリア大学

1958年、アメリカの地球化学者チャールズ・キーリングがハワイのマウナロア観測所で、大気中の二酸化炭素濃度の測定を始めた。すると二酸化炭素が年によって増えたり減ったりしているのが分かった。その測定記録は「キーリング曲線」と呼ばれる。

1年の中で変化があるのは、二酸化炭素が大気と植物のあいだを行き来しているからだ。春になると植物は大気中の二酸化炭素を使って葉を増やす。秋になると葉は落ちて腐り、二酸化炭素は大気中に吐き出される。

キーリングは、大気中の二酸化炭素が年々増えていることも発見した。人間が化石燃料を燃やすせいだ。

人間が崩した自然界のバランス

科学的知見
かつて自然界の二酸化炭素は排出と吸収のバランスが取れていた。人間がそのバランスを崩した。

誤情報
「人間の排出する二酸化炭素量なんて、自然による排出量に比べたらわずかだ」

誤謬
チェリーピッキング
自然が二酸化炭素の吸収と排出のバランスを取っているのを無視する。

1000年以上にわたって、大気中の二酸化炭素濃度は比較的安定していた。自然界における二酸化炭素の排出と吸収はバランスが取れていたんだ。ところが産業革命が起きて人間が化石燃料を燃やし始めると、そのバランスは崩れてしまった。石炭、石油、天然ガスとして地中にたくわえられていた二酸化炭素が大量に放出されたからだ。現在、大気中の二酸化炭素濃度は過去数百万年で最も高い。

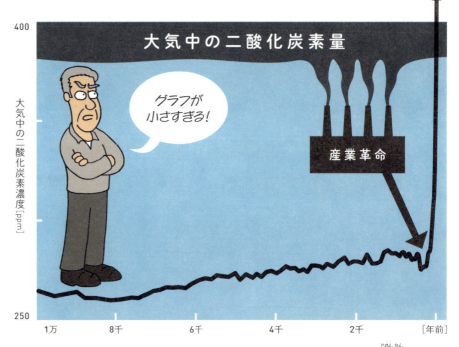

温暖化の否定派はたくみにチェリーピッキングをして、人間活動による炭素循環の乱れを最小限に見せようとする。人間が排出する二酸化炭素量なんて、自然による排出量に比べたらわずかだと主張するのだ。たとえば人間はおよそ330億トンの炭素を毎年大気中に放出するけれど、自然界が吸収する炭素量は約7440億トンにも上ると言う。

否定派の主張は、自然界での二酸化炭素の排出は吸収とセットだという事実を無視している。
毎年、自然に排出される二酸化炭素量は約7440億トンにもなるけれど、
いっぽうでほぼ同じ量が吸収されているんだ。

否定派がやっているのは全体に目を向けないチェリーピッキングで、人間の排出した
二酸化炭素が自然のバランスを崩してしまったという事実から目をそらしている。
自分の失敗をごまかして、うまくいったことだけ自慢するようなものだ。

春が来ない！

自然が二酸化炭素を吸収していないというのなら、木はどうやって葉っぱをつけているのだろう。

ゲップ大会の優勝者は?

科学的知見 人間は火山の100倍もの二酸化炭素を排出している。
誤情報 「火山のほうがたくさん排出している」
誤謬 **間違った解釈** 火山のほうが多くの二酸化炭素を排出しているというのは誤りだ。

人間は毎年、何百億トンもの二酸化炭素を大気中に放出している。当然それによって、大気中の二酸化炭素量は増えるいっぽうだ。

なのに温暖化の否定派は、現在の二酸化炭素量の増加は自然現象のひとつだと言いつづけている。たとえば地質学者のイアン・プライマーは「火山が1度ゲップすると(=噴火すると)人間の1年分にあたる二酸化炭素が吐き出される」と言っている。でも、これは間違っている。

科学的な調査では、地上や海底のすべての火山が出す二酸化炭素量を合計しても3.1億トンにしかならない。人間の二酸化炭素排出量の1%以下でしかないんだ。

別の言いかたをするなら、人間は地球上の火山の100倍もの二酸化炭素を排出しているというわけだ。ゲップ大会は人間の圧勝だ!

イアン・プライマー
鉱山地質学者

火山噴火が大気中の二酸化炭素量におよぼす影響がごく小さいものだと実感するために、20世紀の巨大な火山噴火を見てみよう。人間が大気中の二酸化炭素を増やしつづけてきたのに比べたら、火山の影響がわずかだということが分かるはずだ。

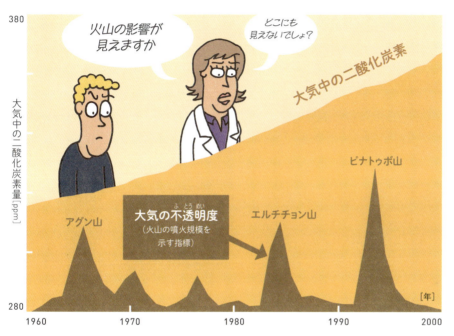

> 二酸化炭素濃度が400ppmに達したのは[*1]最近80万年で初めてです

ロニー・トンプソン教授
オハイオ州立大学

どっちの炭水化物がお好き？

科学者は、ほかにも人間が炭素を増やしているという証拠を得ている。炭素には軽い炭素12と、重い炭素13があって（これらをたがいに同位体[*2]という）、植物は軽い炭素12を好んで吸収する。化石燃料は大昔の植物でできているから、化石燃料が燃やされて大気中に放出される炭素は、炭素12のほうが多いはずなんだ。
そして、まさにそのことが観測されている。

[*1]=2020年で413ppm程度（世界気象機関）となり、産業革命前の280ppmから50％程度増加していることになる。
[*2]=同じ炭素（陽子の数が6個）であるが、原子核内の中性子の数（^{12}Cでは6個、^{13}Cでは7個）の違いによって、たがいに質量の異なる原子どうしのこと。

77

電磁波の種類が違えば波長も違う*。太陽からの可視光は波長が短く、短波長放射と呼ばれている。地球による赤外放射は波長が長く、長波長放射と呼ばれる。長波長放射は温室効果ガスにさえぎられてしまう。

*＝電場と磁場の変動が光の速さで伝わるものを電磁波という。波長（波1つ分の長さ）の短いものからガンマ線、X線、紫外線、可視光線、赤外線、電波に分類される。

罠にはまった！

なぜ、二酸化炭素が問題になっているのだろう？ 二酸化炭素が熱を閉じこめる温室効果ガスだからだ。地球をまるごと包みこみ、温かくする毛布のようなもの。別にいいじゃないかって？ 二酸化炭素が増えるのは、さらに毛布を重ねるのとおなじだ。毛布をかけすぎたら暑苦しくてたまらない。

温室効果は簡単な3つのステップで理解できる。ステップ1、温室効果ガスが太陽の可視光線を地球の表面まで通す。ステップ2、地球が太陽光を吸収して温まり、地球の表面から赤外線という形で熱が放射される。ステップ3、赤外線は温室効果ガスにとらえられる。これが温室効果によって地球が温まる原理だ。太陽光が入ってくるのは許すのに、熱はとらえて放さない。『スター・ウォーズ』のアクバー提督なら「罠にはまった！」と言うだろう。

1820年代、物理学者のジョセフ・フーリエが、大気中の何らかの成分が温室効果を引き起こしていると初めて指摘した。それからおよそ200年にわたって、科学者たちは実験と測定を行ない、温室効果ガスによる温暖化への理解を深めてきた。

熱放射とは、温度を持つ物体から、可視光線や赤外線といった電磁波としてエネルギーが放射される現象のこと。地球から放射されるのはほとんどが赤外線で、可視光よりも波長が長いことから、気候科学では長波長放射と呼ぶこともあるんだ。

78

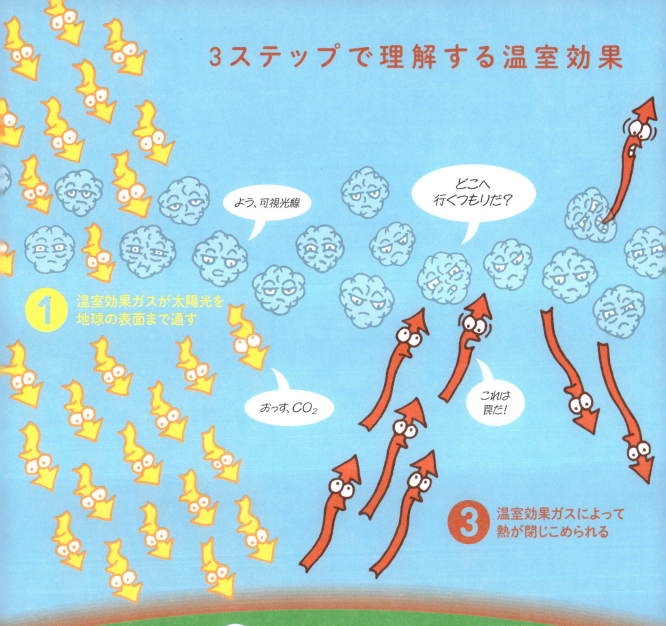

気候科学の歴史

1800　　　　　　　　1850

科学的知見
二酸化炭素の強力な温室効果は、さまざまな実験や観察が裏づけている。

誤情報
「二酸化炭素は大気中にわずかしかないんだから、たいした影響はない」

誤謬
燻製ニシン論法 少量だから影響がないというのは間違い。少なくても強い影響を持つことがある。

わずかな量でも効果は絶大

地球を温めるという二酸化炭素の作用は、さまざまな証拠が裏づけている。飛行機や人工衛星を使った観測によって、地球から宇宙に逃れる熱放射のうち、ちょうど二酸化炭素によって吸収される波長の部分だけ少ないのが分かっているんだ。温室効果は現実に測定されている。
そもそも温室効果がなければ、生物は地球上で生き延びられなかっただろう。

なのに一部の人たちは、温室効果のような基本的な現象さえ否定するんだ。二酸化炭素は大気のごくわずかな割合(0.04％)しか占めないのだから、劇的な効果をもたらすはずがないと言ったりする。
これは燻製ニシン論法だ。二酸化炭素が大気中にわずかしかないから、温室効果がないということにはならない。たとえば毒薬のように、わずかな量でも強力な効果を発揮する物質は存在するんだ。

＊＝日本の酒気帯び運転の基準は、呼気中アルコール濃度0.15mg/Lで免許停止90日、0.25mg/Lで免許取り消し。

それでも温室効果はたいしたことがない？

科学的知見
温室効果力ス は自由に逃れようとする熱の一部をせき止め、地球に返す。

誤情報
「温室効果は熱力学第2法則に反する」

誤謬
間違った解釈
熱力学第2法則が説明しているのは、熱の全体的な流れについてだ。熱が冷たいほうから熱いほうへ、まったく流れないわけじゃない。

人間が地球温暖化の原因を作っているわけではない、と思わせるような誤った議論はたくさんある。人間の心理に働きかけたり、科学をねじ曲げたり、形はいろいろだ。

物理法則は温室効果があると示しているし、実際に測定もされている。それでも温室効果の存在そのものを認めない人たちもいる。皮肉にもそういった人たちほど物理法則を持ち出して、温室効果は熱力学第2法則に反すると言いたがる。

熱力学第2法則とは、熱は温度の高いほうから低いほうへと流れ、その逆には流れないというものだ。熱力学第2法則に従うならば、温室効果によって、熱をさえぎっている冷たい大気から温かい地表へ流れるのはおかしいと言う。

それは熱力学第2法則の理解が間違っている。法則によると熱は全体として温度の高いほうから低いほうへと流れるけれど、逆の方向にまったく流れないわけじゃない。地球はおよそ1m^{2}あたり500W（ワット）の熱を放出する。温室効果ガスが、330Wを地球に返す。つまり全体として地球は170Wを宇宙空間に逃がしている。たしかに熱は温度の高いほうから低いほうへと流れているけれど、それでも温室効果は一部の熱を地球に送り返しているんだ*。(→p.175)

二酸化炭素は目に見えないから無害だという誤った説明もある。
「だって見えないんだから、問題になるわけがない！」。

二酸化炭素のような温室効果ガスは、太陽光を反射しない（だから二酸化炭素は人の目にも見えない）。太陽光は地球の大気を通り抜けて地表に届き、地球を温める。温まった地球は赤外線という形で熱を放射するけれど、これが二酸化炭素によってさえぎられる。光の種類によって二酸化炭素を通過したりしなかったりすることを不思議に思うかもしれないが、こうやって温室効果が生まれるんだ。

科学的知見
二酸化炭素が目に見えないことは、温室効果を理解する上での重要な性質である。

誤情報
「二酸化炭素は透明だから無害だ」

誤謬
燻製ニシン論法
目に見えないからといって、熱をさえぎる効果がないことにはならない。

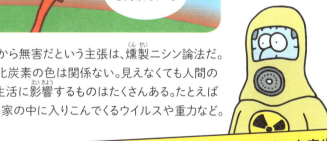

アイロニーアラート　二酸化炭素は目に見えないからこそ問題

「いつでも入っておいで」
「でも、なかなか出られないぞ」

二酸化炭素は目に見えないから無害だという主張は、燻製ニシン論法だ。二酸化炭素の色は関係ない。見えなくても人間の生活に影響するものはたくさんある。たとえば家の中に入りこんでくるウイルスや重力など。

「細菌やら、目に見えない不思議な物質やら、バカバカしい！」

注意--有害生物--　　立入禁止　　注意--有害生物--立入禁止--注意--有害生物

地球温暖化の誤情報はどうやって生まれたのか

科学的知見
二酸化炭素を放出すると、密度の低い上のほうの層に熱がたまっていく。

誤情報
「温室効果は飽和する。だから二酸化炭素を放出しても問題ない」

誤謬
過度の単純化
大気はいくつもの層をなしているのに、単一の層として考えてしまっている。

地球温暖化をめぐる最初の誤情報が出てきたのは1900年だ。スウェーデンの物理学者クヌート・オングストローム*1が、二酸化炭素を入れたガラス管に赤外線を通す実験をした。二酸化炭素は熱放射の一部をさえぎったけれど、二酸化炭素の量を増やしてもさえぎられる熱の量は変わらなかった。そこでオングストロームは、温室効果はすぐに飽和*2してしまうから大気中の二酸化炭素を増やしても温暖化は起きないと結論づけた。

オングストロームが犯した間違いは、地球の大気とガスの入ったガラス管を同じだと考えてしまったことだ。実際には、大気はいくつもの層をなしている。下のほうの層は密度が高く、温室効果は飽和する。
けれど上のほうの層は密度が低く、温室効果は飽和しない。

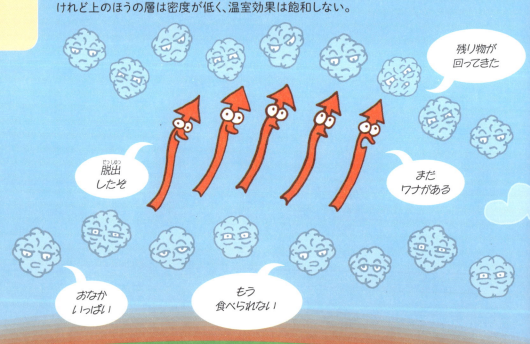

*1=単位のÅ(オングストローム)の由来となった、アンデルス・オングストロームの子。
*2=ある条件のもとで、ある変化が最大限度まで満たされている状態。この場合は、二酸化炭素のたくわえられる熱の量が最大量に達してしまい、それ以上熱をためられなくなっていることを指す。

化石燃料を燃やすと、放出された二酸化炭素は風にあおられて大気と混ざる。
上のほうの層にある温室効果ガスが、宇宙に逃げようとする熱放射をせき止める。

いまでは飛行機や人工衛星を使ったり、観測所でデータを取ったりして、宇宙に逃げていく熱の量が測定できている。これらの結果からも、温室効果が強まっているのは明らかだ。

温室効果が飽和するというのは、地球の大気の性質を単純化しすぎている。
ただしオングストロームの実験は100年以上前だったから、仕方がない。許してあげよう。
でも、温室効果が強まっているという研究結果を無視して、間違いを繰り返してはいけない。

きっかけは二酸化炭素、水蒸気が後押し

二酸化炭素が放出されると、まず少しだけ温暖化が起きる。それにより海水の蒸発する量が増えて、大気中の水蒸気が増える。増えた水蒸気が温室効果ガスになり、さらに温暖化が起きる。水蒸気がもたらす正のフィードバック*(→p.175)により、二酸化炭素は気候に対してより強い影響を与えるようになる。

科学的知見
水蒸気がもたらす正のフィードバックにより、二酸化炭素は気候に対してより強い影響を与えるようになる。

誤情報
「水蒸気は現在の温暖化を引き起こしている最も強力な温室効果ガスだ」

誤謬
間違った解釈
水蒸気は温暖化を後押しするだけなのに、きっかけそのものだと考えてしまっている。

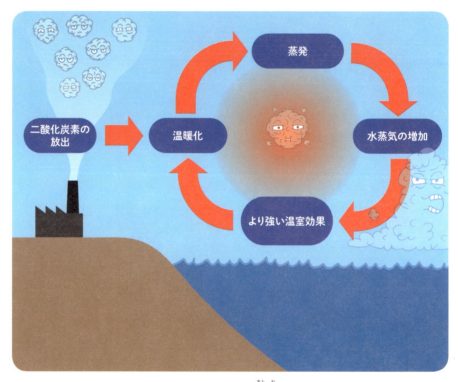

ここで理解しておきたいのは、水蒸気は温暖化を後押しするけれど、温暖化のきっかけを生み出しはしないということ。なぜなら大気中の水蒸気の量は気温に左右されるからだ。大気に水蒸気だけが加わっても、すぐ雨や雪になって液体の水に戻ってしまう。

温暖化の否定派に言わせると、水蒸気こそ最も強力な温室効果ガスで、二酸化炭素はたいして問題じゃない。でもそれは水蒸気がどう気候に働きかけるか、ちゃんと分かっていないからなんだ。水蒸気そのものが気候変動を引き起こすことはなく、あくまで後押しするだけ。いまの地球温暖化は二酸化炭素こそがきっかけだ。

> 水蒸気は
> 二酸化炭素よりも
> 強力な温室効果ガスと
> 言うのは、
> 音を出すのに、
> メインスイッチよりも
> 音量つまみのほうが
> 重要だと言っている
> ようなものです。

アダム・ソーベル教授
コロンビア大学

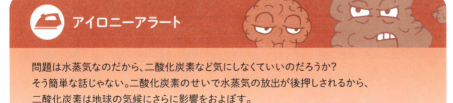

アイロニーアラート

問題は水蒸気なのだから、二酸化炭素など気にしなくていいのだろうか？
そう簡単な話じゃない。二酸化炭素のせいで水蒸気の放出が後押しされるから、
二酸化炭素は地球の気候にさらに影響をおよぼす。

気候と太陽の活動は逆行している

1859年、ジョン・チンダルは温室効果ガスが熱をさえぎることを発見した。そしてチンダルは、温室効果ガスによる温暖化のパターンも予測していた。

なぜ、そう予測したのだろう？　夜のあいだ、地球の表面は宇宙空間に向かって熱を放出しながら冷えていく。けれど温室効果ガスが増えると、宇宙に逃げていく熱が減って、地球は夜のあいだ冷えにくくなる。太陽光が減る冬のあいだも、増えた温室効果ガスが地球を冷えにくくするんだ。

> 地球の気温に対する太陽活動の影響は、1987年以降弱くなっている。

マイク・ロックウッド教授
レディング大学

150年経って、科学者たちはチンダルの予測通りのパターンを観測した。
夏よりも冬、昼よりも夜の温暖化が急速に進んでいるんだ。それでもこれは、
地球温暖化が人間のせいだと裏づける、たくさんある中の、たった2つの証拠にすぎない。

しっかりした証拠があるにもかかわらず、温暖化の原因は太陽だとする説がある。
これはチェリーピッキングで、過去の気候変動のうち、太陽活動と気温変動が
一致していた部分だけを切り取っているんだ。この説では、太陽活動が気温の変化に
およぼす影響は小さいことを示すデータはそっくり無視されている。

科学的知見
さまざまな人間活動の痕跡は、
温暖化の証拠だ。
太陽活動の結果ではない。

誤情報
「地球温暖化の原因は
太陽活動だ」

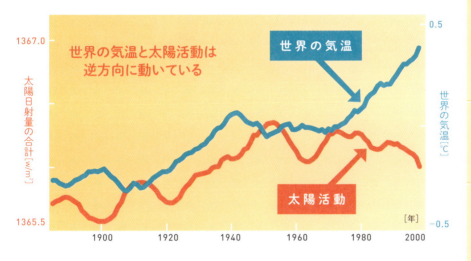

ここ数十年、地球の気温と太陽活動は逆方向に動いている。
太陽活動が弱くなっているにもかかわらず、気温は上昇しているんだ。
最新のデータを無視するようでは、誤った結論しか出せない。

誤謬
チェリーピッキング
世界の気温と
太陽活動は
逆方向に動いているという、
ここ数十年のデータを
あえて使わない。

科学的知見
地球の気候変動は人間が引き起こしている。これは太陽系の中でも地球だけだ。

誤情報
「ほかの惑星も太陽の影響により温暖化している」

誤謬
ナマケモノ思考 寒冷化している惑星もあるという証拠をきちんと見ていない。

太陽系の中でも地球だけ

過去50年間で、太陽の活動は少しずつ低下してきた。
太陽が放射する熱の量が減ってきているんだ。
つまり太陽は近年の地球温暖化の原因ではない。
太陽が原因なら、むしろ地球は寒冷化しているはずだ。

誤った説のひとつに「ほかの惑星も温暖化しているのだから、太陽が気候変動の原因に違いない」というものがある。
でも、太陽系のすべての天体が温暖化しているわけではない。
太陽系の中にある何百もの天体の中で、わずかに6つの惑星（または衛星）だけが温暖化しているようだ。天王星のような惑星は、むしろ寒冷化している。

おかしなことに、ほかの惑星が温暖化していると主張する否定派の人たちは、地球そのものの温暖化は疑っている。火星が温暖化しているという証拠は22年の間隔をあけて撮影された、たった2枚の写真しかないんだ。
いっぽう地球温暖化の証拠は、ここ数十年のうちに山ほどあがっているというのに。

太陽からの熱放射が減っていることを考えても、太陽のせいで近くの天体が温暖化している状況は考えにくい。たしかに温暖化している天体については、太陽活動とは別の理由があるはずだ。

太陽から遠く離れたところにある惑星は、地球よりずっと長い周期で公転している。そうした惑星の気候が変化しているのは、ひとつの季節がとても長いせいだともいえそうだ。公転周期が165年の海王星の場合、数十年におよぶ気温の変化は、地球での1か月の変化と同じくらいと考えられるんだ。

過去は警告する。
気候は「めんどうな獣」！

> 過去の気候変動を見ると、地球は自然に自己調節機能が働くわけではないと、私たちに強く訴えています。

ウォーレス・ブロッカー教授
コロンビア大学

地球の歴史には、気候が大きく変化した時期が何度もある。100万年以上、地球は氷河期に入ったり暖かくなったりを繰り返してきたんだ。このことを「氷期―間氷期サイクル」といって、原因は地球軌道のちょっとしたズレだ。

過去の気候データを見ると、地球の気候は熱のわずかな変化に対してとても敏感だとよく分かる。
何万年にもわたって、地球軌道がわずかにズレるたびに、地球が受け取る熱の量が変化した。
そんなわずかなきっかけで、地球では氷河期が始まったり終わったりしてきたんだ。

そしていま、人間が地球に与えているのは「わずかなきっかけ」ではない。
こん棒で殴りつけているようなものだ。人間活動の痕跡は気候のあらゆる面に見られる。
だからこそいま、過去数十万年を上回る勢いで気候変動が進んでいるんだ。

過去の気候変動は間違って受け取られることもある。たとえば地球の気候はこれまでも変動してきたのだから、現在の温暖化もやっぱり自然なのだ、というように。これは「論理の飛躍」という誤謬だ。人は昔から死ぬのが自然の摂理だった。だから、殺人など起こっていない、と言っているようなものだ。

人間は熱をさえぎる温室効果ガスを、毎年何百億トンも大気中に放出している。過去の気候変動を見れば、地球がこうした余分な熱に強く反応するのは予想がつく。

科学的知見
過去の気候変動から、気候は熱の変動に強く反応するのが分かる。こういった熱には温室効果ガスがさえぎる熱も含まれる。

誤情報
「地球の歴史上、気候変動は何度も起こっている。だから今の気候変動も自然だ」

誤謬
論理の飛躍
過去に自然な気候変動があったとしても、現在の気候変動も自然とはいえない。

アイロニーアラート

気候変動の否定派は、過去のデータを見れば人間による温暖化など問題ないのが分かると言う。でも過去から本当に学べるのは、温室効果ガスの放出による熱を含めて、自然は熱の変動に敏感だということだ。

否定派は牙をむいた獣を見て、にんまり笑っていると言う。本当は怒っているのに。

気候と二酸化炭素：
温暖化への正のフィードバック

科学的知見
余分な二酸化炭素は温暖化をもたらし、温暖化は余分な二酸化炭素を生み出す。おたがいに煽っているようなものだ。

誤情報
「二酸化炭素の変化は気温の変化より遅い。二酸化炭素の温暖化作用はウソだ」

誤謬
誤った二者択一
どちらも真実なのに、わざと対立する選択肢であるかのように言う。

150年以上にもわたる科学研究の結果、温室効果ガスが熱をたくわえることははっきりしている。二酸化炭素には大きな温室効果があり、二酸化炭素が増えれば、地球が温まる。地球が温まれば海からも二酸化炭素が放出される。温度が高くなると、水は二酸化炭素を溶かしにくくなるからだ。

こんなふうに二酸化炭素は温暖化をもたらし、温暖化はいっそう大気中の二酸化炭素を増やす。正のフィードバックが起きているんだ。

かつて軌道のズレなどのせいで地球が温暖化したときも、海から二酸化炭素が放出された。大気中に増えた二酸化炭素は、さらなる温暖化をもたらした。その正のフィードバックは、地球の氷河期を終わらせるほど強力なものだった。

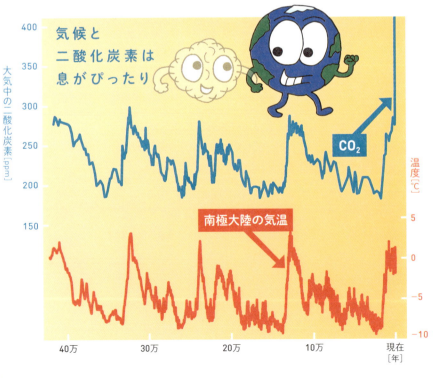

氷河などから取り出された試料、すなわち氷床コアはある誤解を生んだ。二酸化炭素は温暖化の後に増えているから、温暖化の原因ではないというものだ。この主張は「誤った二者択一」として知られる論理的な間違いを犯している。

誤った二者択一

ほかに選択肢があったり両方正しかったりするのに、選択肢を二つに限定してどちらかを選ばせる。

氷床コアを見ると二酸化炭素の増加が温暖化を引き起こし、温暖化が二酸化炭素の増加を引き起こしているのが分かる。どちらも正しいのだ。

ここでの誤った二者択一は、原因と結果をはっきりと分けてしまうこと。ちょうど、卵が先か、鶏が先か、どちらかいっぽうが間違っていると主張するようなものだ。

二酸化炭素が後から増えているからと言って、それが温暖化の原因でないことにはならない。むしろ氷床コアは、温室効果ガスの放出が温暖化を強めるという正のフィードバックを引き起こすことの証拠なのだ。

人間の活動以外には考えられない

科学者たちは気候を観察して、その中にさまざまなパターンを見出している。そういったパターンの多くは太陽、火山、内部変動*（→p.175）（たとえばエルニーニョ）など、地球にとって自然な要素が温暖化のおもな原因ではないと示している。気候のパターンと一致するのは、温室効果ガスが引き起こしている温暖化だけだ。

あっちもこっちも温室効果ガスだ！

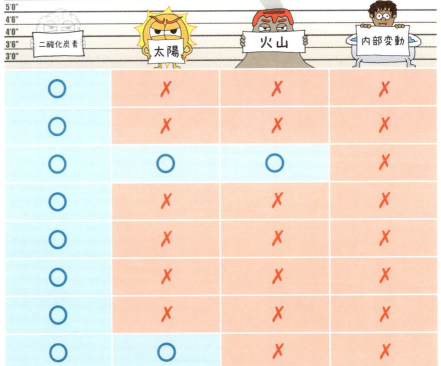

	二酸化炭素	太陽	火山	内部変動
夏より冬の温暖化が速い	○	×	×	×
大気上層の冷却化	○	×	×	×
対流圏界面*の上昇	○	○	○	×
宇宙に逃げる熱の減少	○	×	×	×
地球に戻ってくる熱の増加	○	×	×	×
昼間より夜の温暖化が速い	○	×	×	×
海洋の温暖化のパターン	○	×	×	×
海より陸の温暖化が速い	○	○	×	×

*＝高度10〜16kmにある、対流圏と成層圏(オゾン層のあるところ)の境界。

多くの証拠が、人間こそが温暖化の原因であることを示している。気候のあらゆる面に人間活動の痕跡が見てとれるんだ。気候変動の影響はどれくらい大きいのだろう？

Chapter. 4

環境への影響を否定する

気候変動は社会の ほぼすべてに悪影響

科学的知見
気候変動は農業、人々の健康、生活環境、生態系など、社会のほぼすべての面に悪影響を与える。

誤情報
「地球が暖かくなるのはいいことだ」

誤謬
チェリーピッキング 地球温暖化による圧倒的な悪影響をそっくり無視している。

地球温暖化は社会と環境に負の影響を与えている。氷河が溶けることで世界の人口の6分の1が水の供給を受けにくくなっているし、何億人もが沿岸部の洪水におびえている。温暖化は、伝染病を広める蚊のような昆虫の生息域を広げていく。

否定派は地球温暖化の負の影響をごまかそうとして、温暖化のよさそうなところをチェリーピッキングし、全体像を無視している。たとえば温暖化のおかげで、赤道から遠く離れた土地でも農業が活発になるという。でもそのほかの土地は温暖化に苦しみ、世界全体としては農業がうまくいかなくなるだろう。

おまけに海面の上昇や海洋酸性化など、気候変動の影響の中にはただただ有害なものも多いんだ。

地球温暖化のメリットを強調し、デメリットを無視するのは、喫煙のダイエット効果をうたうのと同じだ。

気候が極端化している！

熱の蓄積、大気中の水蒸気の増加、海面上昇をもたらす地球温暖化は、気象のさまざまな面に大きな影響を与えている。熱がたまったことによる直接的な影響のひとつは、よりひどい酷暑（熱波）が頻繁に起こることだ。

温暖化が進めば、地面や水源からの水の蒸発も加速する。地面が乾燥すると干ばつが深刻化し、火事の危険も増す。いっぽう蒸発が加速すると大気中の水分は増える。温かい空気は、より多くの水分をたくわえられるんだ。こうしたことが原因となって、より強い豪雨が起きやすくなる。また海が温まると、より強力なハリケーン（日本では台風）が発生する。

> 地球温暖化は異常気象の増加を招いている。なぜなら人間活動によって、嵐の発生する環境に変化が生じてしまったからだ。

ケヴィン・トレンバース
アメリカ大気研究センター

> パンチを放つのは天気だが、陰でそのボクサーを鍛えているのは気候だ。

ディーク・アーント
アメリカ海洋大気庁

天気はサイコロの目ほどではないが、予測が難しい。
地球温暖化はさまざまなタイプの異常気象を何度も引き起こすだろう。
サイコロの目を描き足して、大きな目が出る確率を上げているようなものだ。

よくある特定の異常気象について、「気候変動のせいで起きたのか？」と聞きたがる人たちがいる。それは問いの立て方が間違っている。聞かなければいけないのは「気象現象は温暖化の影響を受けているのか？」答えはイエスだ。
地球温暖化は異常気象の回数を増やし、いっそう激しいものにしている。

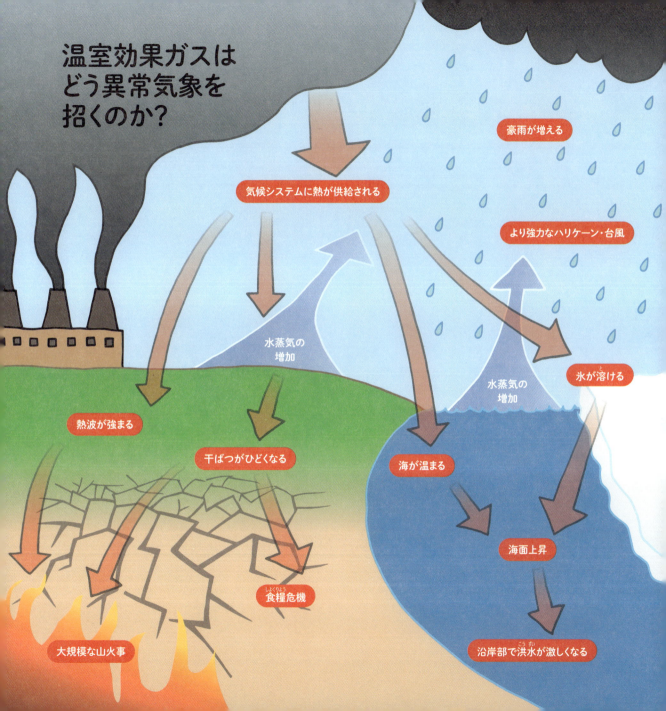

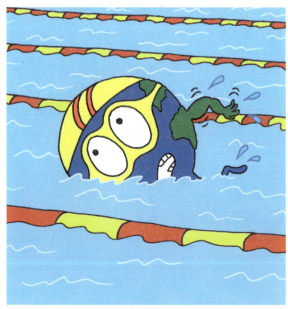

熱波がより強く、より頻繁に

このところの熱波はいっそう強く、長く、頻繁になっている。
地球全体でも、温暖化のせいで熱波が起きる頻度は5倍にもなっているんだ。

> 天気はいまのあなたの気分、気候はあなたの性格だ。

マーシャル・シェパード教授
ジョージア大学

猛烈な熱波の頻度[回]

温室効果ガスを減らさなければ、熱波は2040年までに12倍になる

いまの時点で、温暖化により熱波は5倍ほど発生しやすくなっている

— 観測記録　— 予測モデル

1880　1920　1960　2000　2040 [年]

熱波の回数はこれからも増えつづけると予想されている。
人間が温室効果ガスを減らす努力をしなければ、2040年までに12倍にもなるだろう。

温暖化の否定派は、熱波は昔も発生しているのだからいまの熱波は地球温暖化の
せいではないと言う。熱波のリスクから注意をそらそうとしているんだ。

科学的知見
熱波によるリスクは、地球温暖化の前に比べて5倍に増えている。

誤情報
「熱波は過去にも起きている。だからいまの熱波もふつうだ」

誤謬
論理の飛躍
過去に熱波があったからといって、人間がいまそれを悪化させていないとはいえない。

こういう議論の仕方は、いきなり結論に飛躍していて、間違っている。
タバコが広まるずっと前からガンで死ぬ人はいたのだから、タバコはガンの原因ではないと主張するようなものだ。たしかに熱波は歴史上何度も発生しているけれど、いまでは地球温暖化のせいで頻度が増している。将来的にもリスクは高まっていくだろう。

109

ハリケーンが強くなっている

科学的知見
温まった海はハリケーンのエネルギーの源。ただし威力を増すだけで、頻度が増えるわけではない。

誤情報
「ハリケーンの変化は地球温暖化と関係ない」

誤謬
燻製ニシン論法 ハリケーンの数に注目することで、威力の問題から目をそらしている。

ハリケーンは沿岸部にひどい洪水をもたらす高潮を引き起こす。こういった高潮は地球温暖化による海面上昇の影響で、以前よりずっと危険になっている。2012年にハリケーン・サンディ*(→p.175)がアメリカを襲ったときは、海面上昇のせいで被害の額が80億ドルも増えてしまった。

地球温暖化は大気中により多くの水蒸気をもたらし、大雨と洪水を引き起こす。ハリケーンは温まった海からエネルギーを集めて、風速をいっそう増す。

温暖化の否定派はハリケーンがあまり起きていない時期を取り上げて、地球温暖化のハリケーンへの影響を無視しようとする。これは「燻製ニシン」を使って論点をそらしている。温暖化はハリケーンの威力を増すけれど、回数を増やすわけではない。ハリケーンの数にだけ注目していると、威力が増しているという事実を見失ってしまう。

ハリケーンが大きな被害をもたらすたびに否定派が口にするのは、気候変動を問題にするのはまだ早いということだ。でもいまこそ、気候変動が全人類に危険をもたらしているとしっかり語るべきだろう。

110

栄養素も水も、植物に必要

科学的知見
植物が育つには
ちょうどいい量の水が必要。
気候変動はそのバランスを
崩している。

誤情報
「二酸化炭素は植物の
『栄養素』だ」

誤謬
過度の単純化

二酸化炭素は
たしかに植物が
育つうえで欠かせない。
でも全体としては、気候変動の
負の影響のほうが大きい。

植物が育つにはちょうどいい量の水が必要だ。ところが地球温暖化は水の循環をさまたげる。ある地域では多湿になって洪水が起き、別の地域は干ばつに見舞われるようになるんだ。洪水も干ばつも、植物にとっては大きな問題だ。

さらに植物にはちょうどいい気温も必要だ。暑すぎると作物の収穫高が減ってしまう。特に熱波の襲来は、植物にとってダメージが大きい。

アイロニーアラート

温暖化を否定する人たちは、大気中の二酸化炭素量は気候を変えるほどではないと言っている。そのいっぽうで二酸化炭素が地球の植物を増やしていると言うんだ。

二酸化炭素は植物にとっての「栄養素」なのだから、地球温暖化はよいことだと主張する誤情報があるけれど、これは植物への負の影響を無視している。植物の育ちかたを過度に単純化しているんだ。たしかに植物は成長するうえで二酸化炭素を必要とするけれど、それは必要なもののひとつにすぎない。「人間にはカルシウムが必要。だからアイスクリームを食べておけばいい」なんて言うのはおかしいだろう。

植物に育ってほしければ、二酸化炭素も水もどちらも気にしなくてはいけない。たとえ二酸化炭素の増加に多少メリットがあっても、気候変動による負の影響は、それを打ち消してしまうんだ。

二酸化炭素は深刻な汚染物質

汚染物質とは有害な影響をおよぼす、あらゆる物質のこと。二酸化炭素が多すぎるから、地球が温暖化し、極端な天気が増え、海面が上昇し、海は酸性化する。深刻な影響をおよぼしている証拠はたくさんある。

汚染物質には狭い地域への影響に留まるものもあるけれど、
二酸化炭素による悪影響は地球全体におよぶ。
地域的な汚染の多くはそこまで長続きしないけれど、
二酸化炭素は何千年も大気中に留まるんだ。
気候への影響が人々の暮らしに明らかなダメージをもたらすことから、
アメリカ合衆国環境保護庁は二酸化炭素を汚染物質として規制するべきだとしている。

科学的知見
汚染物質とは環境を害する物質のこと。二酸化炭素は熱をたくわえることで環境を害している。

誤情報
「二酸化炭素は汚染物質ではない」

誤謬
燻製ニシン論法 言葉の定義にケチをつけて、地球温暖化への影響から注意をそらしている。

気候変動の否定派は「二酸化炭素を『汚染物質』と呼ぶのは間違いだ」と言って、
気候への影響の深刻さをごまかそうとしている。汚染物質という言葉の定義を問題にするのは、
二酸化炭素が気候変動をもたらす汚染物質だという事実から注意をそらすための燻製ニシン論法だ。

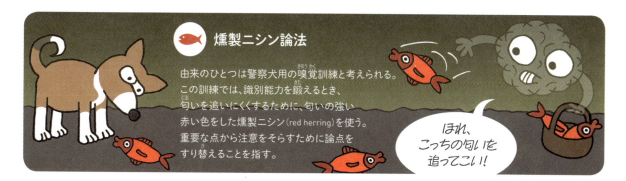

燻製ニシン論法
由来のひとつは警察犬用の嗅覚訓練と考えられる。この訓練では、識別能力を鍛えるとき、匂いを追いにくくするために、匂いの強い赤い色をした燻製ニシン(red herring)を使う。重要な点から注意をそらすために論点をすり替えることを指す。

ホッキョクグマの未来は海氷しだい

ホッキョクグマが種として生き延びていくには、海氷が必要だ。
海氷に乗ってアザラシを狩ることがその理由だが、北極の海氷は溶けていっている。
つまり海氷にたどりつくために、長い距離を泳がなくてはいけないんだ。
おかげで狩りが難しくなっていて、種としての未来も危うくなりかけている。

> 今世紀のどこかで、北極海に海氷がなくなるかもしれません。ホッキョクグマにとっても人間にとっても悪いニュースです。

シルビア・アール
ナショナルジオグラフィック誌

北極圏がどこも同じ状況にあるわけではない。氷は毎年、溶けたり凍ったりを
繰り返すけれど、温暖化により氷のない時期が長くなっている地域がある。
いっぽう1年を通して氷の多い地域もある。北極圏のホッキョクグマは、
海氷の融解が激しい地域で減少している。地球温暖化と溶ける氷、
ホッキョクグマの危機の関係は明らかだ。

気候変動の否定派は、1970年代よりもホッキョクグマの数が増えているのを理由に、温暖化はホッキョクグマをおびやかさないと主張している。これはホッキョクグマの生存を左右する要因がほかにもあるのを無視した、過度の単純化だ。

科学的知見
ホッキョクグマは狩りをするのに海氷が必要。海氷が溶けるのは死活問題だ。

誤情報
「数が増えているのだから、地球温暖化は問題ではない」

誤謬
過度の単純化
人間による狩猟というピンチが去ったかわりに、海氷が溶けることで危機が迫っている。

20世紀にはホッキョクグマの狩猟がよく行なわれていた。そのせいで毎年1000頭以上のホッキョクグマが殺され、数が減っていった。けれど1950年代から70年代にかけて、多くの国でホッキョクグマの狩猟を規制する法律が作られた。その結果、ホッキョクグマの数は回復していったんだ。

よい法律ができたことで、ピンチのひとつは去った。ところが今度は人間が起こした地球温暖化のせいで、生存がおびやかされるようになってしまった。

海洋の酸性化

人間が排出する二酸化炭素のおよそ30%は海が吸収し、そのため、海洋の酸性化が進んでいく。
二酸化炭素がひとたび海に溶けると、さまざまな化学反応が起きるんだ。
最も大きいのは炭酸イオン(CO_3^{2-})が炭酸水素イオン(HCO_3^-)に変化すること。
海洋動植物(たとえばサンゴ礁をつくる造礁サンゴなど)は、
炭酸イオンをもとに骨格や殻の部分を作っているので、海が酸性化すると材料、
いわばブロックがなくなってしまうことになる。

科学的知見

海は酸性度が30%上昇している。そのせいで海洋生物が骨格や殻を作りにくくなり、サンゴ礁が危機を迎えている。

誤情報

「海はまだ酸性に転じていない。よって酸性化は問題ではない」

誤謬

燻製ニシン論法
海が全体として酸性かアルカリ性かを問題にするのは、海の中での化学変化が急速に進み、酸性化が進行していることから注意をそらすものだ。

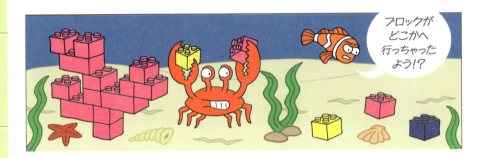

気候変動を否定する意見のひとつに、現在の海は酸性ではないのだから問題ないというものがある。問題なのは、海水がより酸性に変わりつつあるということ*。現在の海水が、酸性かアルカリ性かを問うのは、肝心な問題から議論をそらしている。

これは熱いお風呂に水を注いで冷ましているようなものだ。
お風呂はすぐに冷たくなるわけではなく、
少しずつ温度が下がっていく。
海水も急に酸性になることはないけれど、
二酸化炭素を吸収しながら
少しずつそうなりつつあるんだ。

*=酸性はpH7以下で、値が小さくなると酸性度が高くなる。いっぽう、アルカリ性はpH7以上で、値が大きくなるとアルカリ性度が高くなる。現状の海のpHは約8.1で弱アルカリ性だが、二酸化炭素の吸収によりpHは7.8程度まで下がる可能性があり、アルカリ性ではあるものの、海洋生物に大きな影響が出ると考えられている。

海洋酸性化の進み具合は、6600万年前に恐竜が絶滅したときと同じくらいのペースだ。当時は火山の噴火と隕石の衝突のせいで激しい気候変動が起き、地球上の75％の生物種が絶滅した。サンゴも他の多くの種の絶滅にともなって、壊滅的な打撃を受けた。

科学的知見
地球温暖化と海洋酸性化により、サンゴ礁はほぼ回復不能なダメージを受ける。

誤情報
「サンゴ礁は以前のように回復可能だ」

誤謬
間違った解釈
大量絶滅の後、サンゴ礁が回復するには何百万年もかかった。

サンゴ礁はかつての大量絶滅の後にも回復したのだから、いまの地球温暖化も乗りこえるだろうと否定派は主張する。
けれど大量絶滅から立ち直るには何百万年もの時が必要だったんだ。
科学者たちは、人間がいま、新たな大量絶滅を引き起こそうとしていると確信している。
回復には同じくらい時間がかかるだろう。

「フィードバック」で ごまかしてはダメ！

人間が熱をたくわえるガスを大気中に放出することで、地球は温暖化する。ただし、そこで終わりではない。その反応としてさまざまな「フィードバック」が発生するんだ。あるものは温暖化を後押しし、あるものは抑えこむ。では結局どうなるんだろう？

> 地球は自力では解熱できません。

ケイト・マーベル
アメリカ航空宇宙局（NASA）

＊＝現在は、温暖化によって下層雲は減る、または変化しないと予想されている。

大気中の二酸化炭素の量が2倍になった場合、どれくらい温暖化が進むかを示す値を気候感度という。
気候感度は温度計による観測、人工衛星のデータや海の温度、過去の気候変動や気候モデルなど、いろいろな角度から計算されている。そしてどの計算も「二酸化炭素が2倍になると地球の気温はおよそ3℃上昇する」という答えを出しているんだ。

二酸化炭素が2倍になった場合の直接的な温暖化は1℃くらいだ。
その後のさまざまなフィードバック（水蒸気のフィードバック〔→p.90〕を含む）の影響によって、
最終的には3℃の温暖化になる。
別の言いかたをするなら、温暖化を後押ししたり抑えこんだりする
いろいろなフィードバックの効果を合わせると、
二酸化炭素だけによる温暖化の
3倍にもなってしまうんだ。

気候感度はたいしたことがなく、
二酸化炭素を排出してもそんなに
温暖化しないという人たちが
いるけれど、それは気候感度を
評価するいろいろな方法の結果を
チェリーピッキングしているだけだ。
たくさんの科学的な研究成果を無視して、
ごく一部を取り上げているんだ。

気候感度を理解するには一部の
研究だけでなく、すべての結果に
目を向けなくてはいけない。

科学的知見	多くの科学的研究は、地球の気候が気温の変化に敏感であることを示している。
誤情報	「気候感度は高くない」
誤謬	**チェリーピッキング** 気温の変化の影響を示すさまざまな証拠を無視している。

フィードバックには大小がある

正のフィードバックは必ず暴走温室効果*を
引き起こすという人がいるけれど、
それは間違いだ。フィードバックが弱ければ
いずれ落ちつき、連鎖も止まるだろう。
銀行の利息も正のフィードバックだけれど、
「暴走」はしてくれない。

＊＝正のフィードバックによって温室効果が増大することで、それがさらに正のフィードバックの原因となり、さらに温室効果が増大し……
という繰り返しによって温暖化が止まらなくなること。現時点では暴走温室効果は起こらないと予測されている。

生物は気候変動についていけない

地球の気候が変化するなら、生物は生き残るために進化しなくてはいけない。ふつう進化は何千年もの時間を必要とする。人間がこの数十年で猛烈なペースで気候に変化を起こしてしまったせいで、生物の進化が追いつかずにいる。

気候があまりに急に変化すると、絶滅する生物種がでてしまう。地球の歴史を通して、かなりの生物がいなくなるような大量絶滅は5回起きている。どのケースでも、急激な気候変動がその一因だ。

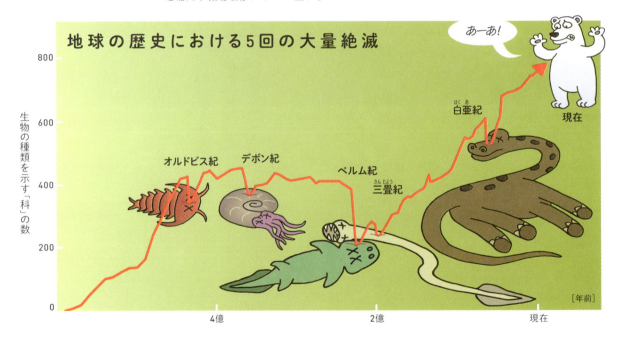

科学者たちは、6回目の大量絶滅が近いのではないかと心配している。
過去500年にわたって、これまでの5回の大量絶滅と同じくらいのスピードで生物の絶滅が進んでいる。
ふつう何十万〜何百万年という時間をかけて進むできごとだ。もし、現在の絶滅危惧種がすべて失われるレベルの気候変動なら、進行中の大量絶滅は今後何世紀にもわたって続くものと思われる。

生物は地球の気候変動に上手に適応できるだろう、という人たちがいるけれど、これは論理が飛躍しすぎている。ある状況に適応できたからといって、どんな新しい状況にも適応できるとは限らない。

生物が環境の変化に適応するスピードには限界がある。過去5回の大量絶滅では、すべての生物種の4分の3以上が絶滅してしまった。

私たち人間はいま、猛烈な勢いで気候を変化させていて、もうすでに生物はついていくのに苦労している。もしいまのペースで化石燃料を使いつづけたら、今世紀末までに40%を超える生物が絶滅するかもしれない。ただしいまはまだ、6度目の大量絶滅の入り口だ。進路を変更して、多くの生物を絶滅から守ることはできる。

科学的知見

生物の適応能力を超えて気候変動が起きると、その生物は絶滅してしまう。いま、生物は過去の大量絶滅と同じくらいのペースで絶滅している。

誤情報

「生物は気候変動に適応できる」

誤謬

論理の飛躍
生物はゆるやかな気候変動に適応できただけ。いま起きているような、急速な気候変動には適応できない場合がある。

大量絶滅を甘く見る

生物は過去にも絶滅しているのだから、人間がいま引き起こしている大量絶滅も自然なもので、心配にはおよばないというおかしな主張がある。

ご安心ください。過去にも墜落事故はございました

安心できるわけないだろ！

そもそも、過去に起きているからといって、また起きてもいいということはないだろう。過去に飛行機事故が起きているから、いま事故にあってもいいと思う人などいるだろうか。

Chapter 5 科学を否定する

ガリレオ vs 教会——科学の敵はどっち？

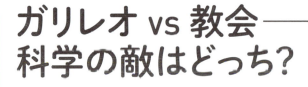

科学的知見
ガリレオは思想にもとづいて形成された世界観を、科学的な証拠によってくつがえした。現代でいえば、否定派ではなく、むしろ気候学者が彼の役割をはたしている。

誤情報
「気候変動の否定派は、常識に挑むガリレオだ」

誤謬
間違った解釈
否定派はむしろ、目障りな科学を切り捨てようとした反ガリレオの人々に近い。

16〜17世紀のイタリアで、ガリレオは証拠にもとづいて科学の研究を行ない、それが科学的手法として知られるようになった。その時代から科学への攻撃は存在していた。ガリレオは望遠鏡を使って、惑星が太陽の周りを回っているという証拠を集め、1000年にもわたって信じられてきた地球中心の宇宙の姿をくつがえそうとした。すると当時のキリスト教会はガリレオの科学を攻撃したんだ。聖書の解釈にもとづいて、地球を宇宙の中心としていたからだ。

温暖化の否定派は、自分たちがガリレオのように常識に挑んでいるのだと思わせようとしている。けれど否定派のほうこそ中世のキリスト教会のように、自分たちの世界観をおびやかす科学的証拠に目をつぶっているんだ。ガリレオを非難した人々のように科学的データを攻撃し、世間の人々を惑わし、時代遅れな見かたを復活させようとしている。

昔 今

時代遅れの考えかたにもとづいているとき……

新しい証拠が出てきて、古い常識の誤りが分かったとき……

今までの考えかたが危うくなったせいで、科学が攻撃を受けるとき……

科学的知見
科学者たちは気候への影響を大げさに言うどころか、過小評価してしまいがち。

誤情報
「気候科学者は人騒がせ」

誤謬
チェリーピッキング IPCCが気候変動を過大評価した例だけを切り取って、過小評価した例をすっかり無視している。

本当の人騒がせは誰だ？

気候変動に関する政府間パネル（IPCC）⁺（→p.174）では、気候変動についての科学的研究に幅広く目を通し、まとめを作成している。1990年以来、IPCCは6回にわたって報告書を刊行してきた（2024年8月現在）。どれも細かいところまでチェックが入り、しかも各国の政府の賛成を得るようになっている。だからIPCCの報告書はかなり慎重になりがちなんだ。

かつての報告書では、温室効果ガスの排出量が過小評価されていた。おかげでIPCCの予測した北極圏の海氷の溶ける速度は、実際の速度よりはるかに遅かった。それにともなって海面上昇のペースも、さまざまな気候モデルの予測が追いつかなかった。

それ以降の研究で得られた結果は、IPCCの予測を20倍も上回るペースで温暖化が進んでいるとしている。IPCCは気候変動の影響を過小評価してしまったんだ。

気候科学者やIPCCは、地球温暖化の危険性を大げさに言い立てるとして非難されることが少なくない。でもそれは、IPCCが気候への影響を過大評価した珍しい例だけをチェリーピッキングしたものだ。実際は気候変動を過小評価しがちで、大げさどころかその反対の立場なんだ。

たとえ不確実でも、問題があるのは確か

科学的知見 科学者にとっての「不確実」とは、最も確からしい値を中心として誤差があるということ。つまり気候変動の影響は、予測よりもさらに深刻かもしれない。 **誤情報** 「科学的に不確かなのだから対策は必要ない」 **誤謬** **論理の飛躍** 有害となる正確な量が分からないからといって、危険がないわけではない。	科学者が口にする「不確実」は、みなさんがふだん使う「不確実」とは少し意味あいが違う。科学が専門ではない人々は科学者が「不確実」と言ったときには、何も分かっていないのだと考えるかもしれない。でも科学者にとっては、最も確からしい値を中心とした誤差範囲があることをいうんだ。たとえば大気中の二酸化炭素量が2倍になった場合の気候の変化はおおむね2℃～4.5℃で、3℃が最も確からしいとされている。つまり予測されるのは3℃の気温上昇だけれど、ある程度幅を持っているということだ。 気候変動の否定派はこういった不確実性を理由に、対策の必要はないと主張する。けれどはっきりした規模が分からないからといって、危機が訪れないわけではない。不確実ということは、より悪い状況が訪れる可能性だってあるんだ。

アイロニーアラート

「あまりにも不確実だ」

「だが問題が起きないのは確かだ!」

「はっきりするまで対策しない」という主張は、副作用があるかもしれないと言われているドリンクを、どんな副作用かはっきり分からないからと言って、とにかく飲むと言い張るようなものだ。

「このドリンクは腹痛を引き起こし、目を充血させ、脳を溶かす可能性があります」

「確かじゃないんだろ？飲ませろ!」

否定派のリスクマネージメント

＊＝日本では、シートベルトの着用は法律で義務化されている。

97%の科学的コンセンサスというコンセンサス

科学的知見
97%の科学者が、人間こそ地球温暖化の原因だとしている。

誤情報
「31,000人もの科学者が、地球温暖化は人間のせいではないと言っている。科学的コンセンサスなんてウソだ」

誤謬

ニセの専門家
気候科学を専門としない科学者を使って、ありもしない議論が進行中のように見せかける。

少数意見の誇張
31,000人はアメリカの理系学部の卒業生のわずか0.3％。

さまざまな研究によって、気候変動をめぐる科学的コンセンサスが数値化されてきた。2009年にピーター・ドランは、気候科学の研究成果を発表している科学者の97.4％が、地球の気温の上昇は人間活動のせいだという点で一致しているとした。2010年にはビル・アンデレッグも気候変動についての公的文書を分析して、積極的に論文を発表している気候科学者の97〜98％が人間による地球温暖化を認めているとした。

2013年には本書の著者も、自分自身の研究チームで過去21年間の地球温暖化にまつわる科学論文を分析して、97％が人間による気候変動を認めていると結論づけた。3つの調査のそれぞれが、圧倒的な科学的コンセンサスを示していたんだ。

科学的コンセンサスについては、アメリカ地球物理学連合、欧州地球科学連合、英国王立気象学会、オーストラリア気象協会など世界中の科学的組織も認めている。さらに80か国もの国立科学アカデミーがすべて、人間が地球温暖化の原因だと言っているんだ*。

*＝日本国内では2019年9月、日本学術会議が「『地球温暖化』への取組に関する緊急メッセージ」を出し、温暖化の実態に警鐘を鳴らすとともに、将来のために新しい経済・社会システムへの変革を訴えた。

31,000人の理系学部の卒業生が人間による気候変動を否定する意見書に
サインしたのだから、科学的コンセンサスなどないと否定派は主張する。
これはニセの専門家を利用した誤りだ。この意見書に署名する条件はただひとつ、
理系の学部を卒業していることだけで、実際に気候科学を専攻していた学生は
0.1％だった。気候科学を専門としない人間に複雑な知識を問うのは、
コンピュータ科学の専門家に心臓の手術をさせるようなものだ。

人間活動が地球温暖化の
原因だとする説に、
何パーセントの科学者が
同意しているのだろうか？
さまざまな
研究者の
数値化の
試みに
よると……

2004年
ナオミ・
オレスケス
100％

2009年
ピーター・
ドラン
97％

2010年
ウィリアム・
アンデレッグ
97％

2013年
ジョン・
クック
97％

2014年
バート・
フェアヘッゲン
91％

2014年
ニール・
ステンハウス
93％

2015年
スチュアート・
カールトン
97％

否定派の主張は「少数意見の誇張」という誤謬でもある。
1971年以降アメリカでは1000万人以上が科学で学士以上の学位を得ているが、
意見書に署名しているのはそのうちの0.3％だ。

科学的コンセンサスに否定的な数万人の非専門家に注目を集めて混乱させるのは、
1970年代にタバコ業界が使った手法といっしょだ。

否定派が作った「コンセンサスのギャップ」

> 科学者が一枚岩だと市民が考えるようになると、地球温暖化への見かたも変わるだろう。だから、科学的な確証が得られていないと言いつづける必要があるのだ。

フランク・ルンツ
共和党アドバイザー

気候変動の否定派は何十年にもわたって、科学的コンセンサスに疑念を抱かせようとしてきた。なぜ、そこを狙い撃ちするんだろう？ 共和党のアドバイザーであるフランク・ルンツは意識調査を行ない、気候変動に対する市民の見解は、専門家の意見が一致しているように見えるかどうかで、大きく変わることに気づいた。そこで共和党の政治家に、市民が専門家のコンセンサスに疑いを持つよう誘導するように助言したんだ。

数十年にわたって誤情報が流された影響は大きかった。世の中の人々は、地球温暖化の原因が人間だと認める気候科学者はせいぜい67%だと思い込んでいる。世の中の誤解と97%の科学的コンセンサスは、「コンセンサスのギャップ」と呼ばれている。

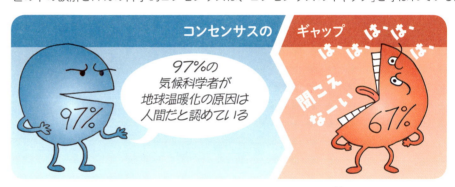

ルンツの「気づき」から10年以上遅れて、社会科学者たちは人々がコンセンサスというものをどう考えているか調査を行なった。すると専門家がコンセンサスに達していると知れば、みんな気候変動が現実だとすんなり受け入れて、対策を求めるようになるのだと分かった。科学者のあいだで見解が異なるという誤解を正すには、地球温暖化の原因が人間活動だということは異論の余地がないとしっかりアピールしなければならない。彼らはそう提言している。

97%のコンセンサスという正しい情報を広める努力のおかげで、誤った情報によるダメージはやわらぎつつある。2010年代後半の5年間で、科学的コンセンサスに対する人々の理解は深まってきている。

そのいっぽうで気候変動にコンセンサスなどないと言っていた否定派は、新しい主張を始めた。コンセンサスなんて相手にするなと言い出したんだ。科学者は気候変動をめぐって対立していると言いふらし、おまけに科学者が誤解を解こうとするのもじゃましたいんだろう。

地球温暖化が人間のせいだという話は、97%のコンセンサスにもとづいて出てきたわけじゃない。あくまで科学的な証拠にもとづいているんだ。(「責任を否定する」の章参照→〔p.67〕)

にもかかわらず気候変動のような専門知識を必要とするテーマになると、一般の人々は専門家の意見に頼るしかない。だからこそ否定派は専門家の意見が割れていると言いたがる。多くの人々に97%のコンセンサスが得られていると伝えることがとても重要なんだ。

ホッケースティックは折れていない

科学的知見
さまざまな研究が1998年の
ホッケースティック曲線を
裏づけている。

誤情報
「グラフはデタラメ。
ホッケースティックは折れた」

誤謬
チェリーピッキング
ホッケースティック
曲線を裏づける
10年以上の研究成果を
無視している。

1998年、マイケル・マン、レイ・ブラッドリー、レスリー・ヒューズの3人は、過去600年にわたる北半球の気温の変化を調べた。変化の指標にしたのは氷床コア（氷床を深くまで掘って得た筒状の試料）、海底の沈殿物、洞窟の堆積物、年輪、掘削孔などいろいろだ。その結果、いまの地球温暖化は過去600年では前例のないものと分かった。3人の作ったグラフは「ホッケースティック曲線」と呼ばれている。

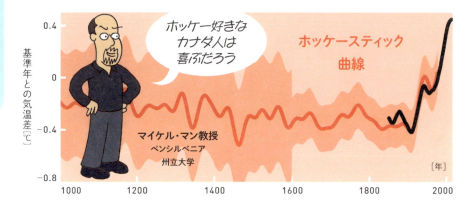

1998年以降、さまざまなデータや手法を用いた研究が行なわれて、いまの温暖化は前例がないと確認されている。最も大規模な調査では60もの研究機関が参加して、地球全土からデータを集めた。やはり同様のホッケースティック曲線があらわれ、ここ数十年は過去1400年間で最も温暖化しているとはっきりした。

人間が地球温暖化を引き起こしているという証拠はたくさんある。ホッケースティック曲線は全体像の中のひとつの小さなピースにすぎない。にもかかわらず1998年の発表に対しては、気候変動の否定派からしつこく攻撃が続いている。
最初にかみついてきたのはカナダの鉱山技術者、スティーヴ・マッキンタイアだった。ホッケースティック曲線には統計データの分析の仕方に誤りがあると言ったのだ。
このように、分析方法の一部だけを取り上げて膨らませるのは「フグの誤り」という。

フグの誤り

燻製ニシン論法は、重要な科学的発見から注意をそらすために使われる。
フグの誤りは燻製ニシン論法の特殊なパターンだ。
研究方法のささいなところだけを膨らませて注意を向けさせることによって、より重要な結果から注意をそらそうとするんだ。ヒトは、細かい部分に注目させられると、部屋の中にゴリラのように大きな存在があっても気づかなくなってしまう。

いてっ！気になるなあ！

いまや、我々は、何十本ものホッケースティックを手にしていて、そのすべてが同じ結論に達している。近年の温暖化は、さかのぼれる限りの過去において、類を見ないのだ。

マイケル・マン教授
ペンシルベニア州立大学

1998年の研究への揚げ足取りには、
その後20年にわたる研究がすべて同じ結果なのに気づかせまいという意図がある。
数多くの研究成果が、いまの地球は過去数千年で最も温暖化していると示しているんだ。

中世を持ちだして否定する

科学的知見
中世の一部の地域はかなり温暖だったが、地球全体としては現在よりも気温が低かった。

誤情報
「中世は今よりももっと温暖だった」

誤謬
チェリーピッキング 暖かかった地域だけに着目し、寒冷化していた地域を無視している。

西暦900年から1150年頃、世界史で中世と呼ばれる時代のちょうど中ほどの時期の地球の気温は、前後の時代と小氷期に比べてそこそこ暖かかった。この時期を「中世の温暖期*」と呼ぶ。

気温が高かったのは、さまざまな自然の要因が重なったことによる。中世には太陽活動が比較的活発だった。日光をさえぎり気温を下げる微粒子を大気中に放出するような火山噴火もそれほど多くなかった。活発な太陽活動とおとなしい火山活動が組み合わさったことが、中世がそれなりに温暖だった理由と考えられている。

平均としては、中世の温暖期の気温は20世紀の半ばとほぼ同じだった。20世紀後半の温暖化によって、いまの気温は中世よりも高くなっている。

*＝現在は、p.141の議論もあり「中世気候異常(MCA：Medieval Climate Anomaly)」と呼ばれる。

中世の温暖期がいまより暖かかったというのは、チェリーピッキングによる誤情報だ。当時は地球全体が温暖だったと言おうとしたり、ひとつの地点の比較だけをもとにして現在の気温と対比させようとしたりするんだ。いくつかの地点だけを見れば、中世の気温はいまより高かっただろう。でも、ほかの地点の気温は低かった。すべての場所での平均を考えれば、中世はいまより気温が低かったと言える。

中世の温暖期がいまより寒かったのは、海面が低かったことからも分かる。いまより気温が高かったのであれば、もっと氷が溶けて海面が上昇していたはずだけれど、そういったことは起きていないんだ。

論理の飛躍

中世の気温をめぐる否定派の言い分は、これまで紹介してきた別の誤情報と重なる。かつて地球は自然に温暖化したのだから、いまの温暖化も自然要因に違いない、というものだ。これは論理の飛躍だ。中世の温暖化は、活発な太陽活動とおだやかな火山活動の影響によるものだということが分かっている。これら自然の要因は、いまでは地球を冷やす方向に働いている。近年の温暖化を説明するには、熱をたくわえる温室効果ガスを挙げるしかないんだ。

気候モデルは強い味方

科学的知見 物理法則の基本をもとにした気候モデルからは、多くの正しい予測が得られている。
誤情報 「気候モデルは信用ならない」
誤謬 **ありえない期待** 完璧なモデルなどありえない。けれどモデルは過去の気候を再現し、将来的な予測を得るうえで大いに役に立つ。

気候のしくみを理解するために、気候モデル（コンピュータなどで気候を再現したもの）では地球、海、大気を3次元の箱（グリッド、格子）に分割してシミュレーションしている。それぞれのグリッドにおける気温や降水量などがどう変化するか、物理法則を使って計算することで、時間とともに起きる気候の変化が予測できるんだ。

気候モデルのさまざまな予測は、観測によって後に確かめられている。1960年代、真鍋淑郎などの科学者たちは、温暖化が起きると大気中の水蒸気量が増えることを正しく予測していた。1970年代、ウォーレス・ブロッカー教授（地球温暖化という言葉の生みの親）は、二酸化炭素が増えると気候が温暖化すると予測した。1975年には気候モデルによって、氷が溶けると太陽光の反射率が下がるため、北極圏ではいち早く温暖化が進むとされた。1980年代には、陸地は海よりも早く温暖化すると言われていた。

これらの気候モデルは北極圏の海氷が溶けること、海面の上昇、地域ごとの温暖化のパターンなど、気候変動にまつわる多くの動きをきちんと予測してきた。これらの信頼できる気候モデルを利用することで、私たちは未来の気候変動を知ることができる。

地球温暖化（global warming）という言葉を生んだのはウォーレス・ブロッカー教授

気候変動の否定派は、気候モデルは不完全であてにできないと言って、モデルの信頼度を下げようとしている。これは無理な予測を押しつけている。気候モデルは現実の世界ではない。あくまで現実をなぞったもので、決して完璧ではないんだ。統計学者のジョージ・ボックスはこう言っている。
「正しいモデルなどないが、有効なものもある」。

あらゆる現実を再現できるコンピュータのシミュレーション。それは気候モデルではなくSF映画『マトリックス』です。

ケイト・マーベル
アメリカ航空宇宙局（NASA）

「ありえない期待」のひとつが、モデルに短期間の変化に対する完璧な予測を求めることだ。
海洋や太陽の変動は、一時的に温暖化や寒冷化をもたらす。
気候モデルはそういった予想外の要因にどうしても影響されるんだ。
けれどこうした短期的な要因は長い目で見れば平均されていくから、長期の予測はじゅうぶん可能だ。

さらに気候モデルには長年の実績がある。
物理法則をもとに、気候科学者は何十年にもわたってしっかりした予測をしてきたんだ。

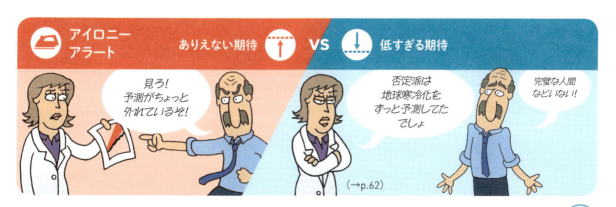

1970年代、科学者たちは何を予測していたのか？

科学的知見
1970年代には大半の気候研究が、温室効果ガスの増加が温暖化を招くと予測していた。

誤情報
「1970年代、科学者たちは氷河期がくると予測していた」

誤謬　間違った解釈
1970年代に行なわれた氷河期についての研究は、多数の研究者の合意が得られたものではなかった。それなのに、コンセンサスがあったかのように言う。

1970年代まで、地球の気温は数十年にわたってさほど変化していなかった。むしろ、少し寒冷化さえしていたんだ。いっぽうで1970年代に発表された気候研究のほとんどは、地球温暖化がまさに始まるだろうと予測していた。その予測どおりに、地球温暖化を予測する論文は増えていった。それは、人間が大気中に排出する温室効果ガスの量が、年々増えていたからだ。

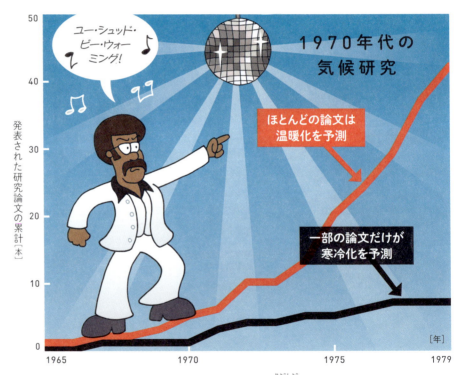

1970年代の終わりになって、地球の気温が全体的に上昇し始めた。気候科学者は気候物理学を基礎にした気候モデルで正確な予測を行ない、その正しさを証明した。

気候変動の否定派は、1970年代には科学者たちは地球が寒冷化し、氷河期が始まると予測していたと言って、気候科学に疑いの目を向けさせようとしている。これは当時の科学的状況を誤って解釈している。1970年代、ある条件のもとで地球は寒冷化するとしていた論文はあったけれど、それは少数だった。

1974年と1975年、タイム誌とニューズウィーク誌はそれぞれ、氷河期がくるかもしれないという記事を載せた。でも、どちらの雑誌も一般向けのニュース雑誌として権威はあるけれど、学術雑誌ではない。学術雑誌に掲載された論文のほとんどは、地球温暖化を予測していたんだ。

1970年代の最もよくまとまっている研究は、全米科学アカデミーと全米学術研究協議会による1975年の報告書だ。ただしそのトーンは、今の全米科学アカデミーとずいぶん違う。

1975年
地球の気候のしくみと、何がその行方を左右するのかについて、我々はじゅうぶんに理解できていない。

全米科学アカデミー／全米学術研究協議会

現在
気候変動についての科学的理解は進んでいる。すなわち政府はすぐに対策を取るべきだ。

全米科学アカデミー

145

天気と気候はどう違う?

天気と気候は紛らわしい。どう違うんだろう?
天気はある場所の、ある時間における大気の状態のことで、
たとえばいまいる場所での気温、雲の量、風速などのこと。
気候は長い期間にわたる、地域ごとの平均的な天気のことだ。

" 天気は、
いま着ている服。
気候は、
クローゼット。

マーシャル・シェパード教授
ジョージア大学

天気の予測は簡単ではない。
天気はまさに「カオス」で、「バタフライ効果」のように、
ささいなきっかけが大きな結果を招くこともある。

気候モデルはそれと違って、ある1日の天気を
予測したりはしない。何十年にもわたり、
広い範囲の平均的な天気を予測するんだ。

たとえば次の火曜日の天気を正確に当てるのは
難しいけれど、夏が冬より暑いのは誰でも分かる。
平均的な気候は、短期的な天気より
ずっと予測しやすい。

気候モデルに疑いの目を向けさせようとして、天気予報だってよく外れるのだから気候の予測は信頼できないと言う人たちがいる。気候予測を天気予報と比べるのは、燻製ニシン論法で論点をそらしているようなものだ。天気予報がいつも当たるとは限らないからといって、気候モデルが信頼できないということにはならない。この2つを比較するのは、リンゴとオレンジを比べるようなものだ*。

科学的知見
気候モデルは、天気の長期間の平均である気候を予測できる。

誤情報
「科学者は天気を当てられない。だから気候モデルは信頼できない」

誤謬
燻製ニシン論法 天気と気候をいっしょくたにして、短期間の天気と長期間の気候の予測が別ものであるのを無視している。

*=「比較できないものどうしを比べる」と言うときに英語圏でよく使われるたとえ。

サイコロを1度振って、どの目が出るか完璧に予測するのは無理だ。でもサイコロを振って、毎回の目を当てることはできないけど、100万回振ったらどんなパターンになるかは分かる。気候の予測も同じだ。

147

科学的知見

クライメートゲートは、気候変動の否定派こそが陰謀論者だと示している。

誤情報

「クライメートゲートによって、気候科学が陰謀だとバレた」

誤謬

陰謀論
気候科学の否定派は、当たり前な科学的議論を世界的な陰謀とみなしている。

Eメール流出事件と陰謀論者の頭の中

2009年、気候科学者たちのEメールが流出して、インターネット上に公開されるという事件が起きた。公開された部分は、文脈を無視して都合のいいように切り貼りされていた。環境問題の否定派は「クライメート(気候)ゲート」と呼び、科学者が地球温暖化の証拠をでっち上げているという陰謀論を広めていった。実際に数千億トンもの氷が溶け、世界中で海面上昇が起きているのに、証拠のでっち上げなんて無理がある。

そこで2つの国にまたがる9つの調査が行なわれ、流出したEメールの中身がチェックされた。どの調査も、科学的な見解に影響はないと結論づけている。ところが陰謀論者によると、これらの調査もまた陰謀の一部だそうだ。

陰謀論者って、こんな人たち

「マイケルのトリック」と「減退の隠蔽」

気候変動の否定派がクライメートゲートの際に用いたのが、「恣意的な引用」という方法だ。

> 私はついさっき、ここ数十年の気温データに、マイケルが『ネイチャー誌』に発表した「トリック」を用いることで、減退を隠蔽した。

フィル・ジョーンズ教授
イーストアングリア大学

恣意的な引用

文脈を無視して発言を切り貼りすること。チェリーピッキングの一種で、もともとの発言の意図をゆがめ、立場を誤解させるために使われる。誰かを悪く見せたいときによく使われるんだ。

クライメートゲートにおける切り取りの例として最もよく知られているのが、気候科学者フィル・ジョーンズの「マイケルのトリック」と「減退の隠蔽」という2つの科学的テクニックについての説明だ。

「マイケルのトリック」とは?

樹木の年輪や氷床コアから求めた過去の気温を、温度計から得られたデータと同じグラフに貼りつけるテクニック*。

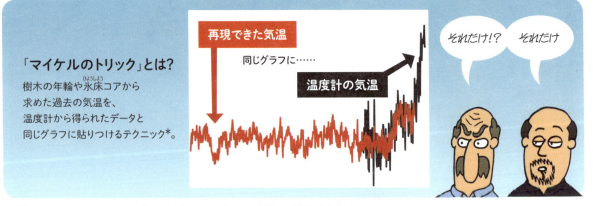

*＝英語原文ではテクニックを「トリック」と表現している。「トリック」には「だましの手段」という意味もある。

「減退の隠蔽」とは?

「減退」とは1960年以降、木の年輪の成長が抑えられたことを指している。一般に、年輪は気温と相関していて、気温が高いほど輪の幅は広くなる。ところが北半球の一部の木は1960年以降、気温が上がっていたにもかかわらず幅が狭くなっていったんだ。木の成長が抑えられたのは、一部の地域における大気汚染のせいで、地表に届く日光の量が減ったためだった。年輪と気温の変化のズレについては1995年以降、学術論文の中で議論されている。

科学的知見
「マイケルのトリック」は、年輪の成長が抑えられていることを意味する「減退の隠蔽」とは関係ない。

誤情報
「科学者は気温の低下を隠蔽しようとしている」

誤謬
陰謀論
科学的な議論の文脈を無視した電子メールの切り貼りから、科学者が何かを隠そうとしていると信じこむ。

要するに「マイケルのトリック」と「減退の隠蔽」は、おたがい関係ない。でも気候変動の否定派は両方をいっしょにして、「減退を隠蔽するマイケルのトリック」などと言うんだ。学術論文では一般に用いられる科学的手法から、陰謀を妄想しているんだろう。

153

困ったおじさんの考えは変えられるか？

科学否定派の意見を変えるには、どう説得したらいいんだろうか？ より適切な問いは、「誰に対してコミュニケーションを取るべきか？」かもしれない。

何らかの信念を理由に科学を否定している人たちの場合、考えを変えるよう説得するのは簡単ではない。

たいていの場合、科学にもとづいた説得は効果がないばかりか、逆効果ですらある。つまり否定派は科学的事実を示されると、ますます科学を信じなくなったりするんだ。

こういったことはさまざまな場面で起きている。反ワクチン派はそれまで信じていたことが崩されると、いっそうワクチン接種を拒否するんだ。イラクに大量破壊兵器がなかったと証明されたときでさえ、共和党員のほとんどは意見を変えなかった。納得したのは50人中1人だった。科学否定派を説得しようとすると、たいていこんなことになる。

科学が自分の信念をくつがえしそうだと思うと、人間はついバイアスのかかった反応をしてしまう。
こういったバイアスは誰にでもあるもので、自分自身でも気がつかないことが多いんだ。
科学を否定しようと自分にウソをついているとき、それが意図的なウソなのかどうか、はっきりさせるのは難しい。

バイアスのかかった思考から生まれる、5つの否定論の特徴はなんだっただろう？

人間は自分と考えが一致している相手こそ正しいと思いがちだ。
科学否定派は、科学に疑問を投げかける人たちを見ると、
ふつうの気候科学者より専門知識があると考える。
これは**ニセの専門家**に頼っているんだ。

バイアスのかかった状態では、**誤った論理展開**になることがある。
たとえば証拠をもとにして議論をしない、論点をそらす、
相手の立場や証拠を無視するなど、注意する必要がある。

都合のいい情報に飛びつくことを「確証バイアス」という。
すると**チェリーピッキング**になってしまう。その反対は、
都合の悪い証拠を拒否して議論することだ。
ありえない期待という誤謬のもとになる。

世界の気候科学者たちの意見が気に入らないと思うようになったら、
すぐそこに**陰謀論**が待っている。
「科学者たちの結論はおかしい。何か企んでいるんだ！」。

159

気候変動の否定派は少数。でも声が大きい

人間の気候変動への反応は、6つのパターンのどれかにあてはまる。
「恐れている、心配する、慎重、無関心、疑わしい、否定する」の6つだ。
（アメリカでの調査がもとになっているが、同じような調査はオーストラリアやインド、日本など、ほかの国々でも行なわれている）。

多数派なのは「恐れている」と「心配する」のグループで、気候変動という現実を受け入れている。
「否定する」グループは人口に占める割合は小さいのに、不釣り合いなほど大きな影響力を持っている。
この人たちが流す誤った情報は、世の中の人々にひどく困った影響を与えているんだ。

アイロニーアラート　　多元的無知　VS　ニセのコンセンサス効果	
アメリカ人の多くは、気候変動について恐れているか、または心配している。それなのに自分たちが多数派だとは思っていない。私たちひとりひとりがこうした誤解をしてしまっている状態を「**多元的無知**」という。	気候変動に否定的なアメリカ人はせいぜい1割だ。それなのに自分たちが実際より多数派だと思っている。みんなが自分と同じ考えだと誤解してしまうことを「**ニセのコンセンサス効果**」という。

気候科学を否定する一部の少数派は、とにかく影響力が大きい。この点は2017年、ドナルド・トランプが気候変動の否定派に政権内で多くの役職を任せたことからも分かる。2015年、アメリカ上院議会では半数が「地球温暖化の原因は人間ではない」という立場に投票した。

保守的なメディアも、気候変動について誤情報を流すのにひと役買っている。ラジオ、新聞、ウェブサイト、テレビなどが何百万人もの人々にウソを吹き込んでいるんだ。

誤った情報の洪水は、すぐに止められるようなものではない。こうした情報は、気候変動にまつわる正しい知識を広めようという努力を無にしてしまいかねない。だからこそ、誤った情報の影響についてちゃんと理解しておかなければいけないんだ。力のある人々の間違った発信に流されないために。

> 何が心配かというと、少数の否定派によるおかしな振る舞いよりも、彼らの影響力に対して多数派が無防備であることなのです。

クライブ・ハミルトン教授
チャールズスタート大学

> 昨今のプロパガンダ*1の問題点は、誤った情報を流したり何らかの意図を押しつけたりすることだけではない。批判的な思考力を麻痺させ、真実を葬り去ってしまう点だ。

ガルリ・カスパロフ
元チェスチャンピオン

なぜ、誤った情報を無視してはいけないか

誤った情報に反論するには、その影響力について理解しておかなければいけない。最も分かりやすいのは、真実ではないことを信じさせるという点だろう。けれど誤った情報がやっかいなのは、正しい情報を打ち消してしまうところだ。

矛盾する情報を少しずつ与えられたとき、人間はどちらが正しく、どちらが間違っているのか簡単には見抜けない。すると関心を失い、真実を求めるのをやめてしまう。誤った情報は人間が事実を受け入れ、理解のじゃまになるんだ。

これが誤情報が非常に危険であるという理由だ。誤った情報を流すほうは、話に一貫性があるかとか、説得力があるかとか気にしないで、ただばら撒くだけでいい。対立する情報を流しさえすれば、科学的事実の存在感を削ることができてしまう。

*1＝人々を特定の考えかたに従うよう誘導したり、説得したりするための宣伝手法を指し、特に政治的な目的で用いられる。
*2＝スポックもカークも映画『スタートレック』の登場人物。第1シリーズ第5話のストーリーに由来する。

誤った情報と正しい情報は、粒子と反粒子*3のようなもの。
衝突すると爆発して、後には何も残らない。

*3＝素粒子に対応して存在する、逆の性質を持つ粒子のこと。粒子と反粒子が衝突すると、
大きなエネルギーを出して対消滅（または両方とも消滅）する。

科学者や教育者にとって、このことはとてもやっかいな問題だ。
科学をただ説明するだけでは足りない。科学をできる限り明確にするために苦労しても、
その努力が誤情報によって、すっかり無駄にされてしまうこともあるんだ。だから、
気候変動の否定論のような考えを無視するのは非常に危険だ。

いっぽう、このことは、誤った情報にどう対応すればいいかを教えてくれる。
矛盾する情報に接したとき、私たちは事実と作り話を見分ける必要がある。
矛盾を解消するためのツールが必要なんだ。

それには事実をゆがめる否定派の手口を知ることが一番。
手品師のタネを見抜いてみせるようなものだ。誤った主張の裏に隠されたテクニックを学んでいけば、
相手の影響力を削ぐことができる。否定派にだまされないようにするためには、
心の予防接種によって誤情報への免疫をつけることが効果的だ。

> 誤った説明を
> くつがえすときは、
> 両面から説明する
> のがいい。
> まず、その事実が
> 正しい理由を
> 伝えること。そして、
> なぜその説明が
> 正しくないのかを
> 伝えること。

ウルリッヒ・エッカー教授
西オーストラリア大学

予防接種は気候変動否定派根絶のカギ

> 異なった見かたを提供して、誤った情報の発信源に疑問を持ってもらうことが大切だ。つまり連中が科学を否定する理由をちゃんと説明しなくてはいけない。

ステファン・レバンドフスキ教授
ブリストル大学

医療分野では、毒性を弱めた病原体を接種して免疫を作る予防接種によって、抵抗力を高め、たくさんの感染症を予防してきた。天然痘が根絶できたのも予防接種のおかげだ。本物のウイルスがやってきたときの抵抗力が高まり、感染しなくなるんだ。

誤った情報にも同じ方法が使える。少しだけ誤情報に接しておけば、本格的な誤情報がやってきたときに抵抗力を発揮できるはずだ。

心の予防接種を通して、誤った説明や主張に惑わされる危険があることにも気づけるし、科学的知見をゆがめるために使われるテクニックも学べる。誤った情報を流す人たちの動機も知ることができる（たとえば、石油企業が利益のために気候変動を否定したり、対策を否定したりすること）。

予防接種は批判的な思考力のスキルを高めるのにも役立つ。相手がどうやって惑わせにきているのか、見抜けるようになるんだ。多くの人たちが予防接種を受ければ、集団として強い免疫ができて、科学否定論を根絶できるだろう。

予防 vs 治療

人々が誤情報に接してから誤解を解くために対応する（治療）よりも、誤情報に接する前に、だまされないようにする（予防）のほうが、より効果的で、ダメージも小さい。

誤った情報に、どう対処すればいいのだろう？　うまく相手の言い分をくつがえすには3つの要素を説明する必要がある。ここまで取り上げてきた、科学的知見、誤情報、誤謬だ。

誤った情報に対処するには、科学的知見だけではじゅうぶんではないけれど、やはり科学的知見は最も大切なものだ。科学的知見は、誤情報より具体的かつシンプルで、より「記憶に残る」説明にすると効果的だ。

誤りを指摘するために誤情報を持ち出すときは、それが誤りであると断っておこう。心構えができるし、話が混乱しなくてすむ。

最後になぜ科学的知見と誤情報の食い違いが生まれているのか、相手に理解してもらわなければいけない。そのためには、科学的知見をゆがめてしまう誤謬とそのテクニックや間違った説明の仕方や論理を教えてあげればいいんだ。

＊＝映画『ロスト・イン・スペース』に登場するロボット。

科学コミュニケーションの3法則

1687年、アイザック・ニュートンは力が作用するとき物体がどのように運動するかを明かす、運動3法則を発表した。
同じ考えかたを、人に話をするときにも用いるといい。科学コミュニケーション3法則だ。

ニュートンの運動3法則

"物体に力が"はたらかない場合、物体は静止しつづけるか、等速度運動をする

物体の加速度は、物体に加えられた力に比例し、物体の質量に反比例する

相手に加えた力（作用）には、すべて、自分に対して同じ大きさで反対向きの力（反作用）をともなう

効果的でない伝えかたは、アプローチを変えなければいつまでもそのままだ

科学コミュニケーション 第1法則

気候変動についての科学コミュニケーションは、期待されたほどの効果は上がっておらず、私たちの反応はごくゆっくりとしか変わってきていない。もっぱら何十年にもわたって流されてきた誤情報のせいだ。新しいアプローチを考えよう。気候変動について伝えるだけでなく、相手の気持ちを受け止め、柔軟で、かつ否定派の誤情報への予防線を張れるような新しいアプローチだ。

狂気とは同じ行動を繰り返しつつ、違う結果を望むことだ

あなたアインシュタインでしょ？

その通り。ひとこと言っておきたかったのさ

科学コミュニケーションのカギは、信頼性の高いさまざまな方法で、シンプルかつ分かりやすいメッセージを繰り返し伝えることです。

エド・マイバッハ教授
ジョージ・メイソン大学

ニュートンの第2法則によれば、物体を加速させるには力を加える必要がある。科学的メッセージを広めていくのに必要なのは、強引さではない。科学をバズらせたいのなら、記憶に残るよう工夫するべきだ。シンプルかつ説得力のあるストーリーに仕立て、抽象的なことが具体的で印象的になるよう、うまく比喩を使えばいいんだ。

ものを言えば必ず反対意見があります。でもそれを恐れていたら、何も言えません。

ケイティ・オレンスタイン
OpEdプロジェクト

新たな知識や技術が広がると、必ず揺り戻しが起きる。現状を維持しようとする人々は、決して静かにしていてくれない。これまで何十年にもわたって誤った情報が流され、気候変動にまつわる誤解が根づいていった。否定派はそんな混乱状態を手ばなしたくないんだ。

気候変動の否定派は気候科学についての誤情報を広めるだけでなく、気候科学者を個人攻撃し、科学研究に疑いの目が注がれるよう仕向けている。

167

沈黙の連鎖を断ち切る

あなたの声を聞かせて！

気候についての情報源として最も信頼性が高いのは科学者だけれど、家族や友だちはその次に信頼できる情報源だ。つまりあなたが話をすることで変化が生まれる。

実は多くの人たちが気候変動に関心を持っているにもかかわらず、ほとんどの人たちは家族や友だちと気候変動について語り合う機会がない。おもな理由は多元的無知。すなわち自分以外の多くの人たちも気候変動に興味があると気づいていないんだ。しっかり声をあげなければ多元的無知が強まり、沈黙の連鎖におちいってしまうだろう。「みんな気候変動になんて興味がない」という誤解を打ち破ることこそ、沈黙を壊すために大切なんだ。

気候変動が話題にならないもうひとつの理由は、自分が愚かに見えるのを恐れているということだ。何が誤った情報か見極められるようになれば、勇気を持って声をあげ、否定派の主張にも反論できるだろう。いっぽう否定派はびっくりするほど数が少ないことも忘れないように。

気候変動について意見を言うと強く反論されるのではないか、と思いがちだ。けれど科学コミュニケーションの第3法則（衝撃は反論を呼ぶ）について、日常会話に限ればあまり言い返されることがない。想像と現実のあいだには大きなギャップがあるんだ。

バランスを
取るだけでは、
誠実な
コミュニケーションには
ならない

私たちの行動と発言には意味がある

科学的知見
どんな行動でも、いま立ち上がれば将来のダメージを抑えることができる。

誤情報
「気候変動はもう手遅れ」

誤謬
誤った二者択一
気候問題は「あれか、これか」という話ではなく程度問題だ。

気候変動が最悪の事態を引き起こすのを止めるには、熱をたくわえる温室効果ガスがこれ以上大気中に放出されないようにしなければいけない。つまり化石燃料の利用からクリーンエネルギーへの転換だ。これはとてつもなく大きな社会の変革だけれど、すでに始まっている。

歴史に残るこの変革に、ひとりひとりがどうやって貢献できるだろうか？社会や政治を盛り上げる必要がある。そのためには、ひとつのシンプルな行動でじゅうぶん。気候変動について語るんだ。友だち、家族、誰に投票しようかなと考えている人たちに。政治家は有権者が気候変動を意識していると気づけば、自分たちも気にするようになるんだ。

自分自身が排出する二酸化炭素量を減らすという形でも、気候変動対策への貢献はできる。自分の意思で行動することで、より力強く歩み、声をあげていくことができる。

（話せばいい？行動すればいい？）
（どっちも）

もうひとつ覚えておきたいのは、気候変動が二者択一という話ではないこと。私たちの選択肢は「気候変動の被害を受ける」vs「気候変動を完全に避ける」などといった極端なものではない。もう気候変動の影響は広がっている。気にしなくてはいけないのは、この先どれくらい影響を受けるかという点だけなんだ。気候変動は程度の問題だ。いまを緩和できたら、将来のダメージを抑えられる。

何をするかが大切なんだ。気候に対する行動のひとつひとつが、将来的な影響をやわらげていくんだ。気候変動について語っていけば、人々の意識は高まり、社会の空気も変わるだろう。

（ここまで何もしないならば、残された選択肢は3つです。被害を軽くするか、適応するか、甘んじて受けるか。）

ロニー・トンプソン教授
オハイオ州立大学

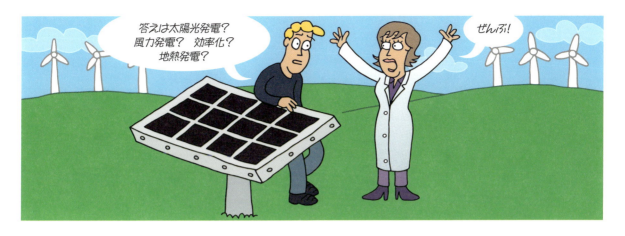

この本では「気候変動の否定」という問題を取り上げてきた。問題そのものを否定する人たちがいるのは残念だ。本当なら、問題解決のための議論をする必要があるのに。
気候変動に一発で効く「魔法の薬」は存在しない。それぞれの解決策には、いいところも悪いところもある。これは複雑だし、ややこしい議論が必要だけど、科学を否定する人たちのせいで遅れてしまっている。

とはいえ気候変動の事実は無視できない状態なので、否定派の人たちも科学そのものの否定から、解決策を否定する方向に動きつつある。結局のところ気候変動の否定派は、解決策が気に入らないんだ。問題そのものはもう否定できないから、今度は解決策に疑いが向くようにする。おかげで多くの誤った主張が広まってしまっている。

とりあえず、「困ったおじさん」vs「解決策」はまた別の機会に……。

日本語版監訳

加納安彦（かのう・やすひこ）

名古屋大学環境医学研究所 MIRAIC-未来の医学研究センター助教。専門は科学教育、健康教育で、健康や食品に関する問題を中心に、疑似科学あるいは科学的誤情報の実態と対策を研究。進展著しい海外の誤情報研究を丹念に追っている。名古屋大学理学部卒業、大阪大学大学院理学研究科博士課程中退。博士（医学）。関連する研究に「健康にかかわる疑似科学的言説の浸透～医療系学生に対するアンケート調査から～」（科学教育研究、2023）などがある。

訳

縣 秀彦（あがた・ひでひこ）

1961年生まれ。国立天文台准教授、国際天文学連合（IAU）国際普及室所属、総合研究大学院大学准教授。東京学芸大学大学院修了（教育学博士）。信濃大町観光大使。著書に『面白くて眠れなくなる天文学』（PHP研究所）、『星の王子さまの天文ノート』（小社）など多数。NHK高校講座「地学基礎」に出演。

海部健三（かいふ・けんぞう）

1973年生まれ、東京都出身。一橋大学社会学部を卒業後、社会人生活を経て東京大学大学院農学生命科学研究科博士課程を修了。現在は中央大学法学部教授。生物学のほか、科学論、環境科学の講義を担当している。著書に『保全生態学の挑戦』（東京大学出版会、分担執筆）、『ウナギの保全生態学』（共立出版）など。

鴈野重之（かりの・しげゆき）

東京都出身。国際基督教大学教養学部卒業、東京大学大学院総合文化研究科修了。博士（学術）。イタリア、マレーシアでの研究生活を経て、現在は九州産業大学理工学部准教授。専門は天文学、天文教育。著書に『教養としての科学の歴史』（学術図書出版社）、共著書に『すべての人の天文学』（日本評論社）などがある。

小西一也（こにし・かずや）

大阪府生まれ、東京都育ち、神奈川県在住、受験生の父親。1995年、東京学芸大学大学院理科教育専攻物理学講座修了。浅野中学・高等学校教諭。1992年「第11回『教職課程』懸賞論文」優秀賞受賞。1999年「第5回読売論壇新人賞」佳作入選。ホームページ『基礎から論考する地球温暖化』公開中。
https://globalwarmingronko.wordpress.com/

小林玲子（こばやし・れいこ）

国際基督教大学教養学部卒業。早稲田大学大学院英文学修士。訳書にティーゲソン『昆虫の惑星』（辰巳出版）、DK社編『博物館のバックヤードを探検しよう！』（小社）、クック『ビッチな動物たち：雌の恐るべき性戦略』（柏書房）、ミニ・ミュージアム他『かけらが語る地球と人類138億年の大図鑑』、ローデ『環境破壊モンスターから地球を救おう！』（共に小社）など多数。

著者について

ジョン・クックは、オーストラリアのクイーンズランド大学で物理学を専攻し優秀な成績で卒業した。在学中、よく物理学のノートの余白に漫画を描いていた。卒業後の10年間は漫画家、グラフィックデザイナーとして過ごしたが、科学からあまり離れることはなく、余暇を気候研究の資料を読んだり、誤情報を暴いたりすることに費やした。

2007年、クックは Skeptical Science.com を設立し、科学の否定とたたかう方法を追究して、誤情報の認知心理学に関する研究で博士号（西オーストラリア大学）を取得した。この研究の中でクックは、事実を否定するために用いられるテクニックを理解すること、つまり心の予防接種が、誤情報を中和するためのカギであることを見いだした。そして、誤った論理を分かりやすい例を使って説明することが、それを実践するための強力な方法であることを発見した。

そこでクックは、自身の2つのキャリアを結びつけ、科学否定のテクニックを説明するために漫画を利用することを思い立った。

クックはその後、アメリカのジョージ・メイソン大学気候変動コミュニケーションセンターを経て、現在はオーストラリア・メルボルン大学メルボルン行動変容センター上級研究員として、批判的思考を用いて誤情報に対抗する研究を行い、フェイクニュースや誤情報とのたたかいに力を注いでいる。

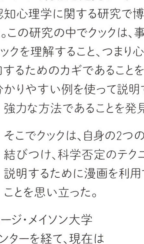

p.20
* 気候変動に関する政府間パネル（IPCC）
気候変動に関する政府間パネル（IPCC: Intergovernmental Panel on Climate Change）は、国連の専門組織である世界気象機関（WMO）と国連環境計画（UNEP）によって、1988年に設立された。現在、195の国と地域が参加し、各国政府の気候変動に関する政策に科学的な基礎を与えるために活動している。名称に使われている「パネル（Panel）」とは専門家集団という意味で、世界中の科学者が協力して、これまでに専門の学術雑誌に発表された論文等をもとに、定期的に報告書を作成し、気候変動に関する最新の科学的知見の評価を提供している。

* 2013年のレポート
本書の原書は2020年に出版された。したがって、2013～2014年に発表された第5次報告書を最新のレポートとして、その内容を紹介している。しかし、2024年時点での最新の内容は、2021～2023年に発表された第6次報告書である。本文では「地球温暖化が人間によって引き起こされた可能性が極めて高い」と述べているが、第6次報告書では「人間の活動が温暖化に影響を与えていることを疑う余地がない」と、極めて強い表現を用いている。同時に、世界の温室効果ガスの排出量は増え続けていて、極端な異常気象をはじめとする現象が生じるリスクは非常に高いとしている。

* 地球温暖化は人為的なもの
2021～2023年にIPCCより「第6次報告書」が発表された。そこでは「人間の影響が大気、海洋および陸域を温暖化させてきたことには疑う余地がない」ことが明記され、可能性は事実上100％となった。

p.31

＊ 防潮堤

高潮や津波を防ぐための堤防のこと。ここでは2016年のアメリカ大統領選挙の際に、共和党のドナルド・トランプが公約した「トランプの壁」を皮肉っている。「トランプの壁」とは、非正規の移民を取り締まる目的で、アメリカとメキシコの国境に建設しようとした巨大な壁のことで、「美しい建造物」にすると述べ、一部が建設された。トランプはその費用をメキシコが負担するよう主張したが、メキシコ大統領に拒否された。

p.47

＊ 熱はいつも……行ったり来たりしている。

熱エネルギーの伝わりかたには、伝導、対流、放射がある。このうち「伝導」は、互いに接触している物体において、温度の高い物体から低い物体へと熱エネルギーが伝わる現象のこと。「対流」は、空気や水のような気体や液体において、温度の高い部分が膨張して軽くなり上方へ移動し、温度の低い部分は収縮して下方へ移動することにより、熱エネルギーが物質とともに移動する現象をいう。「放射」は、光や赤外線などの電磁波として熱エネルギーが移動する現象。我々が生活する空間では、周囲より温度の高い物質は、赤外線と呼ばれる電磁波として、周囲に熱エネルギーを発散している。

p.75

＊ 二酸化炭素の収支について

人間と自然が1年間に出す二酸化炭素は、図の通りそれぞれ330億トンと7260（＝4390＋2870）億トンで合計は7590億トン。それに対し自然の吸収は7440（＝4510＋2930）億トンで、排出量が吸収量を上回る。この差が大気中で増加する二酸化炭素の量ということになるが、現状の研究では、その収支が完全に一致しているわけではない。

p.86

＊ 一部の熱を地球に送り返している

地球は、土や岩などの固体からなる岩圏、海水のように液体からなる水圏、大気のように気体からなる気圏に分類することができる。岩圏・水圏・気圏により地球が構成されているが、本書では86ページで解説したように、分かりやすく説明するため、岩圏と水圏のみを地球とみなしているような表現も登場する。

p.90

＊ フィードバック

フィードバック（feedback）とは、あるシステムから生じた結果が元のシステムに影響を与える現象のこと。このうち「正のフィードバック」は、あるシステムから生じた結果が元のシステムをさらに強化することを示し、「負のフィードバック」は元のシステムを抑制することを示す。地球温暖化の場合、たとえば、温暖化によって増加した水蒸気はさらなる温暖化を生じさせることが明らかにされているが、これは「正のフィードバック」の事例のひとつ。

p.100

＊ 内部変動

人間や太陽、火山など気候に影響を与える要因ではなく、海や大気など気候そのものを構成する要素が変化すること。

p.110

＊ ハリケーン・サンディ

ハリケーンは北大西洋や北太平洋東部で発生する強い熱帯低気圧（北太平洋西部で発生したものが台風）のこと。2012年10月に発生しサンディと名づけられたハリケーンは特に大型で、カリブ海とアメリカ合衆国大西洋沿岸地域を襲い、各国に多くの死傷者を出したほか、経済的にも甚大な被害をもたらした。

175